Friedhelm und Ruth Schwarz

Warum am Ende des Geldes noch so viel Monat übrig ist

FRIEDHELM UND RUTH SCHWARZ

Warum am Ende des Geldes noch so viel Monat übrig ist

Kostspielige Denkfehler und wie man sie vermeidet

ARISTON

MIX
Papier aus verantwortungsvollen Quellen
FSC
www.fsc.org
FSC® C014496

Verlagsgruppe Random House FSC® N001967
Das für dieses Buch verwendete FSC®-zertifizierte Papier
Super Snowbright liefert Hellefoss AS, Hokksund, Norwegen.

Bibliografische Information der Deutschen Bibliothek

Die Deutsche Bibliothek verzeichnet diese Publikation
in der Deutschen Nationalbibliografie; detaillierte bibliografische Daten
sind im Internet unter http://dnb.ddb.de abrufbar.

Umschlaggestaltung: Büro Überland, Schober & Höntzsch
Satz: EDV-Fotosatz Huber/Verlagsservice G. Pfeifer, Germering
Druck und Bindung: GGP Media GmbH, Pößneck
Printed in Germany

ISBN 978-3-424-20084-3

Inhalt

Vorwort

Gegen Ende des Monats wird das Geld knapp – wer von uns hat das noch nicht erlebt? Aber woran liegt das?

Die meisten Menschen glauben, sie seien selbst daran schuld. Wer mit dem ihm zur Verfügung stehenden Geld nicht auskommt, gilt gemeinhin als dumm und verschwenderisch. Doch dieses Bild ist falsch. Die Neurowissenschaften haben aufgedeckt, dass es uralte Muster sind, die in allen Lebensbereichen ihre Wirkung entfalten und uns auch zum Geldausgeben verleiten. Wir verhalten uns nicht wie das Idealbild des Homo oeconomicus, was wir selbst allerdings nur ungern wahrhaben möchten. Denkfehler beim Geldausgeben sind einfach vorprogrammiert. Warum das so ist und wie unser Gehirn funktioniert, wenn wir etwas kaufen, erläutern wir in Kapitel eins dieses Buches.

Während wir uns unserer Denkfehler beim Geldausgeben jedoch gar nicht bewusst sind, haben die Marketingexperten der Industrie und des Handels bereits von den Neurowissenschaften gelernt und nutzen gezielt unsere evolutionsbedingten Schwachstellen aus, um uns dazu zu bringen, mehr zu kaufen und zu konsumieren, als wir wollen. Wie dies geschieht, beschreiben wir im zweiten Kapitel dieses Buches.

In Kapitel drei befassen wir uns dann mit den häufigsten Geldfehlern im Alltag und beschreiben sie anhand zahlreicher Beispiele aus der Praxis. Hersteller und Händler bemühen sich, möglichst differenzierte Geldtypen zu definieren, um ihre Angebote zielgruppengerecht an den Mann oder die Frau bringen zu können. Solche Typologien können aber auch uns Konsumenten helfen, uns selbst zu erkennen, wobei wir allerdings feststellen werden, dass oft verschiedene Seelen in unserer Brust schlummern. Die Wirtschaft spricht deshalb vom hybriden Verbraucher.

Im letzten Kapitel geht es darum, wie wir Geldfehler vermeiden können. Es gibt zwar keine Patentlösungen, aber Regeln, die uns das Leben einfacher machen. Oft genug sind es nur schlechte Gewohnheiten, die uns dazu bringen, unnötig viel Geld auszugeben. Doch solche Gewohnheiten kann man ändern, und wir zeigen, wie das geht. Und das Thema Geld kann durchaus auch Partnerschaften nachhaltig belasten. Doch auch für dieses Problem gibt es Lösungen.

Dieses Buch hat uns, während wir es geschrieben haben, geholfen, noch einmal über unsere eigenen Geldfehler nachzudenken und vieles zu korrigieren, was auch wir immer wieder falsch machen. Denn Geldfehler passieren meist automatisch.

Wir möchten denjenigen Lesern helfen, die nach einem Anstoß suchen, um über sich selbst und ihr Geldverhalten nachzudenken. Nur wer sich der im Gehirn ablaufenden Mechanismen bewusst ist, wenn er etwas kauft, kann Fehler vermeiden. Und nur wer die Tricks der Marketingexperten und Verkäufer kennt, kann ihnen widerstehen.

Dieses Buch wird deshalb diejenigen, die mit der Manipulation von Konsumenten Geld verdienen, ärgern, weil wir ihnen ins Handwerk pfuschen, indem wir Themen wie Preise, Nutzen und Verkaufsstrategien behandeln, über die sie nicht gern öffentlich sprechen. Wir hoffen jedoch, dass auch sie erkennen: Wenn am Ende alle mehr von ihrem Geld haben, zahlt sich Fairness für alle aus.

Unsere Denkfehler sind vorprogrammiert

Die meisten Erwachsenen und noch mehr Jugendliche sind der Meinung, dass sie ihr Leben eigentlich recht gut im Griff haben und meistens die richtigen Entscheidungen treffen. Zumindest gibt es für das, was sie entschieden haben, immer gute Gründe. Wenn es sich dann doch als falsch herausstellt, haben oft andere Schuld oder es sind die Umstände, die sich überraschend anders entwickelt haben.

Dass wir uns so ungern Fehler eingestehen, liegt daran, dass erkannte Fehler wie körperliche Schmerzen wirken. Denn sie aktivieren das Schmerzzentrum unseres Gehirns. Das passiert sogar dann, wenn wir sehen, wie andere Menschen etwas falsch machen. Also versuchen wir einerseits, falsche Entscheidungen von vornherein zu vermeiden, andererseits reden wir sie, wenn sie denn passiert sind, gern klein.

Fehler werden vom Gehirn deshalb als schmerzhaft empfunden, damit wir sie nicht so schnell vergessen und so die

Chance haben, aus ihnen zu lernen. Das ist allerdings nur der Fall, wenn wir ihre tatsächlichen Ursachen kennen.

Wir tun aus vielen unterschiedlichen Gründen das Falsche. Übermüdung verursacht Verkehrsunfälle, Überforderung führt dazu, den falschen Knopf an einer Maschine zu drücken, fehlende Orientierung lässt uns in die falsche Richtung fahren, und Unachtsamkeit bringt uns dazu, uns die Finger an einem heißen Topf zu verbrennen. Jeder von uns hat in seinem Leben sicher schon reichlich Erfahrungen mit Fehlern gesammelt.

Eine spezielle Ausprägung, die Denkfehler, sind vor allem dann besonders ärgerlich, wenn es dabei um Geld geht. Denkfehler beruhen meist nicht auf Dummheit oder mangelnder Intelligenz. Deshalb machen sogar besonders kluge Leute, die sich anderen überlegen fühlen, eher Denkfehler als solche, die sich ihrer Defizite bewusst sind und sich deshalb stärker selbst kontrollieren. Natürlich gibt es auch besonders dumme Menschen, die so dumm sind, dass sie glauben, allen anderen überlegen zu sein und alles besser zu wissen. Aber um die geht es hier nicht.

Die spezielle Eigenschaft von Denkfehlern ist, dass sie sozusagen systemimmanent sind. Das heißt, alles läuft ganz folgerichtig ab, und doch stimmt am Ende das Ergebnis nicht. Das liegt daran, dass sie im Gehirn vorprogrammiert sind.

Das Gehirn des modernen Menschen ist eigentlich Schrott. So sehen es zumindest einige Evolutionsbiologen. Doch die Evolution kann nun einmal bei einem bestehenden Wesen kein Organ vollkommen neu erschaffen, sondern sie kann nur Bestehendes verändern, ergänzen oder zurückbilden. Also müssen wir uns damit abfinden, dass unser Gehirn in seinen Grundprinzipien und Funktionsweisen zwar durchaus optimiert wurde, aber in vielen Bereichen immer noch dem des Menschen von vor 200.000 Jahren entspricht.

Die Ursachen der Denkfehler

Es gibt drei Hauptgründe dafür, dass im menschlichen Gehirn Denkfehler vorprogrammiert sind.

1. Wir denken unbewusst

Denken ist ein Vorgang, der zu 90 Prozent, manche Wissenschaftler sagen sogar zu 99,9 Prozent, unbewusst stattfindet. Dabei arbeiten vier verschiedene Systeme zusammen: das Belohnungssystem, das Gedächtnissystem, das emotionale System und das Entscheidungssystem.

2. Wir denken unterschiedlich

Natürlich wissen wir, dass die Menschen unterschiedlich denken. Das liegt an der genetischen Ausstattung, die uns bestimmte Fähigkeiten von Geburt an mitgegeben hat, an der Erziehung, an der Kultur und an der Umwelt, in der wir leben. Der wichtigste Grund liegt allerdings darin, dass es kein Unisex-Gehirn gibt. Auch wenn wir noch so viel

Gleichheit, Gleichberechtigung und Gleichstellung fordern, die Denkweisen von Männern und Frauen unterscheiden sich und damit auch der Umgang mit Geld.

3. Wir denken in archaischen Strukturen

Der dritte Punkt, der unsere Denkfehler vorprogrammiert, ist, dass das menschliche Gehirn nach ganz bestimmten Prinzipien funktioniert, die im Lauf der Evolution entstanden sind und sich in den vergangenen 10.000 Jahren auch nicht mehr verändert haben. Archaische Denkstrukturen bestimmen auch die Gegenwart. Was früher notwendig und überlebenswichtig war, kann sich allerdings heute oft als Fehler herausstellen.

Das Bewusste und das Unbewusste

Wir können unser Gehirn zwar beschreiben, aber wir können es uns in seiner Komplexität wohl kaum vorstellen. Jede einzelne der 100 Milliarden Nervenzellen im Gehirn kann über bis zu 15.000 Kontaktstellen, die Synapsen, mit anderen Nervenzellen verbunden sein. Das ergibt über 100 Billionen Verbindungsstellen.

Das Gehirn leistet absolute Schwerarbeit. Das sieht man daran, dass es 20 Prozent der Energie verbraucht, die der Mensch für die Funktionsfähigkeit seines Körpers normalerweise benötigt. Dabei macht es nur durchschnittlich zwei Prozent der Körpermasse aus. Bewusste Denkprozesse brauchen besonders viel Energie, deshalb ist das unbewusste Denken so wichtig, denn es funktioniert im »Energiesparmodus«. Müssten wir all das, was das Unbewusste erledigt, bewusst verarbeiten, würde unser Denken so langsam vor sich hin ruckeln wie ein Computerspiel auf einem zehn Jahre alten Rechner.

Das Unbewusste als Steuerungssystem in einer komplizierten Welt

Auch wenn wir uns selbst stets als bewusste Wesen erleben, ist es das Unbewusste, das uns in einer komplizierten Welt funktionieren lässt. Was uns bewusst ist, wird vom Unbewussten ins Bewusstsein gehoben, und worauf wir unsere Aufmerksamkeit lenken, hat bereits Bruchteile von Sekunden vorher unser Unbewusstes entschieden. Wir sollten das keinesfalls negativ sehen, sondern als Tatsache akzeptieren. Das Bewusstsein ist nur ein kleiner Teil unseres Selbst, der wie die Spitze eines Eisbergs sichtbar aus dem Wasser schaut.

Aufgrund unserer alltäglichen Erfahrung sind wir der Ansicht, dass wir uns gedanklich immer vom Bewussten zum Unbewussten hin bewegen. Aber dies entspricht nicht den tatsächlichen Abläufen. Gezeigt haben dies die Experimente von Benjamin Libet, früherer Professor für Neurophysiologie an der University of California in San Francisco. Er hat nachgewiesen, dass der bewusste Gedanke, eine Handlung durchführen zu wollen, fast eine halbe Sekunde nach dem Moment eintritt, in dem das Gehirn bereits mit der Vorbereitung des Entschlusses begonnen hat. Die Handlungen setzen also unbewusst ein.

Wenn sich experimentell nachweisen lässt, dass ein unbewusster Prozess einer bewusst gewollten Handlung vorausgeht, kann man daraus auch schließen, dass einem bewussten Gedanken zunächst ein unbewusster gedanklicher Prozess vorgelagert ist. Libet kam zu dem Schluss, dass das Bewusstsein lediglich eine Art Vetorecht hat, eine vorbereitete Handlung abzubrechen, sie aber nicht initiieren kann.

Alles bewusste Denken hat also zunächst einen unbewussten Vorgänger. Ob dieser Vorsprung nun wie von Libet errechnet eine halbe Sekunde beträgt oder ob es nicht sogar so ist, dass unbewusste gedankliche Prozesse ein Eigenleben führen und abhängig von der jeweiligen Auslastung des Bewusstseins unterschiedlich lange brauchen, bis sie dort auftauchen, weiß man noch nicht.

Das Unbewusste führt beim Einkaufen Regie

Natürlich führt das Unbewusste auch beim Einkaufen und Geldausgeben Regie. Bevor es sich mit den verschiedenen Waren befasst, prüft es zunächst einmal die gesamte Atmosphäre und die Stimmung, die im Supermarkt herrscht. Wie ist die Beleuchtung, welche Musik spielt, wonach riecht es? Dann entscheidet es, ob der Mensch sich hier wohlfühlt oder nicht.

Deshalb haben viele moderne Supermärkte im Eingangsbereich zunächst die Obst- und Gemüseabteilung platziert. Beides ist positiv mit Frische, Gesundheit, Geschmack, Aroma und freundlichen Farben besetzt. Die Obst- und Gemüseabteilung bremst auch das Einkaufstempo der Kunden, denn irgendetwas Frisches wird jeder gern kaufen, dort gibt es meist Sonderangebote und das Unbewusste wird in den Suchmodus geschaltet.

Wenn wir uns für etwas interessieren, seien es saftige Äpfel oder ein knackiger Salatkopf, hat das Unbewusste längst eine Vorauswahl getroffen. Kohlrabi oder Kartoffeln lassen wir links liegen, aber ein paar knackige Möhren, die dank der Beleuchtung besonders rot aussehen, wandern vielleicht in den Einkaufswagen.

So navigiert uns das Unbewusste durch den gesamten Supermarkt. Es sind tatsächlich Tausende von Sinneseindrücken, die in jeder Sekunde durch unser Gehirn rauschen und sortiert werden, ohne dass wir etwas davon bemerken. Das Unbewusste vergleicht auch die Preise an den Regalen mit denen, die wir von früheren Einkäufen im Gedächtnis gespeichert haben. Natürlich sind wir keine wandelnden Preislisten, sondern es sind allenfalls ungefähre Anhaltspunkte, an die wir uns unbewusst erinnern, aber noch viel häufiger zieht das Unbewusste einfache Vergleiche, zum Beispiel zu anderen Warengruppen. Brot ist billiger als Wurst.

Aber auch andere simple Heuristiken kommen zum Tragen. Teuer ist qualitativ besser als billig. Das heißt aber nicht, dass wir nur teure Dinge kaufen. Das Unbewusste ist ständig auf Vorteile bedacht und sucht diese ganz automatisch. Deshalb sind Rabattsignale und Sonderangebote in allen Supermärkten von so großer Bedeutung.

Im Unbewussten arbeiten alle vier Systeme unseres Gehirns, das Belohnungssystem, das emotionale System, das Gedächtnissystem und das Entscheidungssystem, ständig auf Hochtouren zusammen, und jedes versucht, seinen Beitrag zu leisten. Deshalb ist es sinnvoll, sich zunächst einmal die verschiedenen Systeme im Einzelnen anzuschauen.

Das Belohnungssystem als treibende Kraft

Wann sind Sie das letzte Mal so richtig zufrieden und glücklich gewesen? War es, als Sie den letzten Fernseher aus dem Supersonderangebot in Ihrem Markt für Unterhaltungselektronik ergattern konnten? Als Sie Ihre Kontoauszüge abholten und sahen, dass Ihre Geldanlagen mehr Gewinn abgeworfen haben, als Sie erwartet hatten? War es ein kleiner Lottogewinn? Als Sie ein Essen nach einem komplizierten Rezept zubereitet hatten und es allen ganz hervorragend geschmeckt hatte? Beim ersten gemeinsamen Urlaub mit einem neuen Partner? Oder war es, als Sie das erste Mal im Sommer wieder im Meer schwimmen gehen konnten?

Jedes Mal war eindeutig das Belohnungssystem im Spiel. Wie Sie sehen, gibt es viele Gelegenheiten, bei denen es aktiv wird. Es treibt uns nicht nur an, unsere Wünsche zu erfüllen, sondern auch, etwas zu leisten. Es freut sich über positive Überraschungen und über Neues. Aber wie lange haben Glück und Zufriedenheit angehalten?

Wir können uns an solche Situationen, die uns glücklich und zufrieden gemacht haben, zwar erinnern, doch so stark wie damals ist das erinnerte Gefühl nie. Stattdessen bringt uns das Belohnungssystem dazu, nicht nur dasselbe noch einmal zu erleben, sondern möglichst auch noch mehr davon und immer öfter. Das Belohnungssystem treibt uns also an, etwas haben zu wollen, aber auch, etwas zu leisten, damit sich gute Gefühle einstellen.

Im Gehirn von Säugetieren und natürlich auch von Menschen gibt es sogenannte Lustzentren, die man zunächst nur für primitive Mechanismen hielt. Erst durch die bildgebenden Verfahren der Neurowissenschaften konnte ihre tatsächliche Bedeutung erkannt werden. Wenn das Belohnungssystem aktiv ist, fühlen wir uns wohl und zufrieden. Wir befinden uns in einem Zustand, den wir uns dauerhaft wünschen.

Leider ist dieses gute Gefühl im Alltag nicht ohne besonderes Zutun zu erreichen. Und genau darin liegt der Zweck des Belohnungssystems. Wäre es dauernd stimuliert, auch ohne Anlass, würde uns der Anreiz, etwas zu tun, fehlen. Wenn das Belohnungssystem aktiv ist, verstärkt, moduliert, modifiziert oder hemmt es unbewusste Gedankenprozesse, ohne dass uns dies bewusst wird.

Das Belohnungssystem kann nicht mit Geld umgehen

Das Problem des Belohnungssystems besteht allerdings darin, dass es zwar sehr gut mit sozialen Belangen wie Fairness und Vertrauen umgehen kann und auch auf alle Formen von Gewinnen, besonders wenn sie überraschend erfolgen, sofort reagiert, dass es aber leider nicht, salopp formuliert, mit Geld umgehen kann.

Das Belohnungssystem erliegt der Geldillusion, schätzt also den nominalen Wert höher ein als den realen, und ist mit dafür verantwortlich, wenn wir uns selbst überschätzen. Das Belohnungssystem ist auch nicht dafür gemacht, konkret zu rechnen, sondern eher »über den Daumen« Wertschätzungen vorzunehmen. Deshalb ist es sinnvoll, seinen eigenen euphorischen Gefühlen in Gelddingen verhalten gegenüberzustehen.

Mit dem Belohnungssystem haben wir also schon die erste Fehlerquelle bei Geldentscheidungen identifiziert. Es ist zwar wichtig, dass dieses System uns zu Leistungen antreibt und uns ermöglicht, uns über Gewinne freuen zu können, aber es ist problematisch, dass ihm die Kompetenz in Gelddingen fehlt. Die meisten Aktivitäten des Neuromarketings für Finanzdienstleistungen zielen auf das Belohnungssystem ab. Als wichtiger Entscheider oder zumindest Mitentscheider im Gehirn fällt es immer wieder auf Botschaften herein, die Rabatt, Sonderangebot oder Vertrauen signalisieren.

Es wäre falsch, wenn wir Vertrauen grundsätzlich durch Misstrauen ersetzten. Wir sollten stattdessen versuchen,

Vertrauen mit Kontrolle zu kombinieren und diese weder bei uns selbst noch bei anderen mit Misstrauen gleichzusetzen. Kontrolle heißt in diesem Zusammenhang hauptsächlich Selbstkontrolle. Denn die Geldfallen, die andere Menschen für uns aufstellen, schnappen nur deshalb zu, weil wir ihnen in unserem eigenen Kopf nicht genug Widerstand entgegensetzen.

Kontrolle bedeutet also einerseits, immer wieder nachzurechnen und nominale Werte durch reale zu ersetzen, und andererseits, die Motive der anderen zu erkennen. Die meisten Geldfallen wurden schon im Rahmen verhaltenspsychologischer Experimente und Beobachtungen entdeckt. Die Neuroökonomie und Neurofinance bestätigten sie und legten die im Kopf wirksamen Mechanismen offen.

Das emotionale System als Organisator und Motivator

Der amerikanische Hirnforscher Joseph LeDoux hat einmal gesagt: »Emotionen sind mächtige Motivatoren künftigen Handelns. Sie bestimmen ebenso den Kurs des Handelns von einem Moment zum nächsten, wie sie die Segel für langfristige Ziele setzen.« Das emotionale System in unserem Gehirn hat in erster Linie die Aufgabe der Organisation und Motivation unseres Verhaltens.

Wir brauchen einfach ein Auswahlsystem, das die Entscheidungen für oder gegen bestimmte Handlungsziele steuert. Und wenn die Situation sich ändert, muss man auch sehr schnell von einem Verhalten zu einem anderen umschalten, was in einem rein kognitiven Prozess zu lange dauern würde.

Emotionen dienen auch der Kommunikation zwischen den Individuen, denn sie können anderen zeigen, in welchem Zustand wir uns selbst befinden. Manchmal versuchen wir zwar, den emotionalen Ausdruck zu unterdrücken, um Pläne oder Wissen nicht zu verraten, dies gelingt aber keineswegs immer.

Gefühle stehen als unbewusste Bewertungen zwischen den Reizen, die auf uns einwirken, und unseren Reaktionen darauf. Erstaunlich ist, dass viele Menschen ihre eigenen Emotionen nicht genau beschreiben können, während sie in der Lage sind, den Zustand anderer Menschen sehr wohl zu erkennen.

Emotion und Kognition arbeiten zwar getrennt, stehen aber miteinander in Beziehung und in einer Wechselwirkung. Oft setzt die emotionale Bewertung schon ein, bevor die Wahrnehmungssysteme den Reiz vollständig verarbeitet haben. Das Gehirn weiß dann schon, ob etwas gut oder schlecht ist, bevor es genau weiß, worum es sich handelt.

Hierbei spielen natürlich auch die Erinnerungen eine große Rolle. Wie verschiedene Experimente belegen, werden viele Entscheidungen von Versuchspersonen in der richtigen Weise getroffen, ohne dass ihnen bewusst ist, wie diese Entscheidung zustande kam. Offensichtlich steuern hier Emotionen die Intuition.

Beim Kaufen kooperieren das emotionale System und das Belohnungssystem

Positive Emotionen drücken in unserem Kopf den »Das finde ich gut«-Button, und das Belohnungssystem sagt: »Das will ich haben, und zwar sofort.« Warum bestimmte Produkte positive Emotionen auslösen, kann sehr verschiedene Gründe haben. Wenn wir hungrig einkaufen gehen, kann der Duft von Bratwürstchen oder frisch gebackenen Waffeln sofort unsere Gefühle aktivieren.

Hunger kann uns sogar dazu bringen, etwas nicht Essbares zu kaufen, weil Hunger als Grundgefühl generell nach Befriedigung sucht. Aber selbst wenn wir nicht hungrig einkaufen gehen, sind unsere Emotionen aktiv. Wir suchen ständig nach etwas, das schön, lecker oder sympathisch ist. Wenn der äußere Reiz nur stark genug ist, werden Gefühle aktiviert, und das Belohnungssystem fordert uns auf: »Nimm es und kauf es.«

Bis jetzt haben wir aber nur über die Emotionen gesprochen, die auf äußere Reize reagieren, also extrinsisch sind. Viele Emotionen im Zusammenhang mit Geldausgeben sind allerdings auch innerer, intrinsischer Natur. Das Gefühl, dass etwas zu mir passt und meine Persönlichkeit unterstützt oder unterstreicht, ist dabei von ganz großer Bedeutung. Ob Frauen nun eine schicke Mütze kaufen, nach dem Motto »Wenn es kalt wird, wird sie mich wärmen«, oder ob Männer sich einen Cowboyhut aus Australien zulegen, »So sehe ich aus wie ein ganzer Kerl«, innere Gefühle sind nicht zu unterschätzen. Wenn dann noch äußere

Reize und innere Gefühle zusammenkommen, sind wir dem Kaufimpuls fast hilflos ausgeliefert.

Das Gedächtnissystem ermöglicht Lernen

Unser Gedächtnissystem besteht aus dem Ultrakurzzeitgedächtnis, dem Arbeitsgedächtnis und dem Langzeitgedächtnis. Im Ultrakurzzeitgedächtnis treffen sämtliche Sinneswahrnehmungen ein, ohne dass sie uns bewusst werden. Würde die gesamte Flut der Sinneseindrücke weitergeleitet werden, wäre das Gehirn durch die Informationsüberflutung praktisch gelähmt und könnte nicht mehr denken.

Das Ultrakurzzeitgedächtnis bewertet die eingehenden Informationen nach ihrer Bedeutung, wobei die allermeisten als unwichtig betrachtet und schon nach wenigen Zehntelsekunden wieder gelöscht werden. Nur die Sinneseindrücke, die relevant zu sein scheinen, werden an das Arbeitsgedächtnis weitergegeben.

Das Arbeitsgedächtnis hat nur eine begrenzte Kapazität und speichert die erhaltenen Informationen auch nur für wenige Minuten. Entweder werden sie dann gelöscht oder an das Langzeitgedächtnis weitergegeben. Wir brauchen das Arbeitsgedächtnis, um zum Beispiel einem Gespräch folgen zu können oder einen Film zu verstehen. Wenn wir uns im Multitasking versuchen, also im Fernsehen einen Film sehen, am Computer ein Spiel spielen und gleichzeitig noch in der Zeitung blättern und telefonieren, werden wir sehr schnell merken, dass wir an Kapazitätsgrenzen kommen und uns hinterher an keine der Tätigkeiten vollständig erinnern können.

Wenige Informationen reichen zur Konstruktion der Wirklichkeit

Die meisten Menschen gehen übrigens davon aus, dass ihre fünf Sinne so ähnlich funktionieren wie ein Fernseher, der per Antenne, Kabel oder Satellit ein Bildsignal empfängt und dieses dann Punkt für Punkt auf dem Bildschirm zusammensetzt, bis man erkennt, worum es sich bei diesem Bild handelt. Das ist für das Gehirn viel zu umständlich und würde unsere Wahrnehmung selbst für einfache, alltägliche Aufgaben zu langsam machen.

Deshalb werden zum Beispiel die über die Augen im Sehzentrum eintreffenden Informationen mit vorhandenen Gedächtnisinhalten abgeglichen und komplettiert. Wir »sehen« also nur das, was unser Gehirn annimmt zu sehen, und nicht unbedingt das, was wirklich ist. Unser Gehirn konstruiert schon aus wenigen Informationen eine komplette Wirklichkeit. Zum Glück liegen wir damit meist richtig. Aber eben nicht immer, wie zum Beispiel optische Täuschungen zeigen.

Wissenschaftliche Untersuchungen haben nachgewiesen, dass bei Dingen, die uns wichtig sind, häufig schon die Aktivierung einer einzelnen Gehirnzelle reicht, um das ganze Bild abzurufen. Man hat diese Großmutterzelle oder Halle-Berry-Zelle genannt, weil in einem Experiment das Bild der eigenen Großmutter verwendet wurde und in dem anderen das Bild der Schauspielerin Halle Berry. Genauso funktioniert das wahrscheinlich auch mit Produktmarken, die uns täglich begegnen und uns seit unserer Kindheit vertraut sind.

Weiße Schrift auf rotem Grund – Coca-Cola, oder Segelschiff mit grünen Segeln – Beck's Bier. Wenn wir uns diese Mechanismen klarmachen, verstehen wir auch, weshalb Marken für die Wirtschaft so wichtig sind und weshalb wir immer wieder ganz automatisch zu bestimmten Markenprodukten greifen, ohne noch darüber nachdenken zu müssen. Weiße Schrift auf rotem Grund, und schon ist uns die Coca-Cola-Welt mit all ihren positiven Eigenschaften präsent.

Das Langzeitgedächtnis dient als dauerhafter Speicher

Das Langzeitgedächtnis hat praktisch eine unbegrenzte Kapazität und speichert sowohl das bewusst als auch das unbewusst als erinnerungswert Betrachtete dauerhaft ab. Es besteht aus dem deklarativen, also erklärenden Gedächtnis, das auch explizites (bewusstes) Gedächtnis genannt wird, und dem prozeduralen, also ablaufspezifischen Gedächtnis.

Das deklarative Gedächtnis unterteilt man in das biografisch/episodische Gedächtnis und das semantische, also inhaltliche Gedächtnis. Im semantischen Gedächtnis werden all die Fakten, Formeln, Regeln und Zusammenhänge gespeichert, die dann als Ganzes das sogenannte lebensweltliche Hintergrundwissen bilden. Es ist praktisch unser ganz persönliches Lexikon, in dem wir nachschlagen können.

Im episodischen Gedächtnis befindet sich dagegen alles, was mit unserem eigenen Leben und unseren persönlichen Erfahrungen zu tun hat, es ist also im Gegensatz zum semantischen Gedächtnis in höchstem Maße subjektiv. So ist zum Beispiel das Wissen über die Bilder im Pariser Louvre im semantischen Gedächtnis gespeichert, ob man die Reise nach Paris allerdings in guter oder schlechter Erinnerung hat, wird vom biografischen Gedächtnis bestimmt.

Natürlich werden nicht nur Urlaubsreisen so gespeichert, sondern auch Produkterfahrungen. Im semantischen Gedächtnis landet alles, was mit Preisen, Qualität, aber auch mit Verpackungsformen, Größen und Farben zu tun hat. Wir haben dort praktisch ein riesiges Warenlager, das mit dem biografischen Gedächtnis verknüpft ist. Diese Pizza-Marke schmeckt, die andere nicht. Diese Schokolade mögen wir, die andere nicht. Dadurch können wir im Supermarkt sehr schnell entscheiden, was wir kaufen wollen – manchmal zu schnell. Dann landet die Schokolade im Einkaufswagen, auch wenn sie gar nicht auf unserer Einkaufsliste stand.

Das prozedurale Gedächtnis innerhalb des Langzeitgedächtnisses speichert ablaufspezifische Fertigkeiten, aber auch soziale Erwartungen und Verhaltensweisen, die man bereits als Kind gelernt hat. Dazu gehört zum Beispiel, wie man mit anderen Menschen umzugehen hat, besonders wenn diese einen anderen sozialen Status haben als man selbst. Es geht dabei um unbewusste Gesten, wie man spricht und wie man rollengerecht reagiert. Autorität und Gehorsam etwa beruhen also nicht auf bewussten Entscheidungsprozessen, sondern sind unbewusst als Verhalten im prozeduralen Gedächtnis gespeichert. Das wurde in verschiedenen Experimenten immer wieder nachgewiesen.

An dieser Stelle wird klar, warum in der Werbung immer wieder ganz bestimmte Figuren auftauchen. Dr. Best, der uns eine Zahncreme empfiehlt, oder französische Typen, die uns ein Baguettebrötchen schmackhaft machen wollen. Dass Menschen in weißen Kitteln Ärzte sind und wissen, was gut für uns ist, haben wir von Kind auf gelernt, und dass Männer mit Baskenmütze Franzosen sind, die wissen, was schmeckt, ebenfalls. Wir sehen also, dass unsere verschiedenen Gedächtnissysteme auf die unterschiedlichste Weise unbewusst in unsere Kaufentscheidungen eingreifen, ohne dass wir es kontrollieren können.

Es ist den Neurowissenschaften noch nicht genau klar, wie die Fülle der Informationen, die sich in unserem Gehirn befinden, langfristig gespeichert wird. Voraussetzung dafür, dass ein Gedächtnis überhaupt entstehen kann, ist die Wahrnehmung von Informationen und deren Einspeicherung in das neuronale System des Gehirns. Dieses Einspeichern nennen wir Lernen. Es ist nur möglich, weil das Gehirn plastisch, also veränderbar und formbar ist. Unter dem Mikroskop kann man Neuronenbündel beobachten und zuschauen, wie sie sich untereinander verbinden oder auch Verbindungen wieder abbauen, also lernen und vergessen.

Unser Gehirn lernt ständig dazu

Lernen ist aber nicht nur das Einspeichern von Wissen, wie es zum Beispiel beim Vokabellernen geschieht, sondern es gibt sehr unterschiedliche Formen des Lernens. Auch Gewöhnung ist eine Form des Lernens. Wie lange es braucht, bestimmte Gewohnheiten anzunehmen oder uns zum Beispiel an einen bestimmten Geschmack zu gewöhnen, hängt sehr stark vom Einzelfall ab. Manche Gewohnheiten entstehen schnell, andere langsam. Aber immer führen sie dazu, bestimmte Handlungen zu wiederholen. Das kann für manche Leute der Griff zur Zigarette sein, wenn sie eine Tasse Kaffee trinken, und für andere, sich morgens auf dem Weg zur Arbeitsstelle einen »Coffee to go« bei Starbucks zu holen.

All diese gewohnten Handlungen laufen dann ähnlich wie das Fahrradfahren vollkommen automatisch ab, ohne noch hinterfragt zu werden. Und solche Gewohnheiten können teuer werden. Einerseits schätzt es die Wirtschaft, wenn die Verbraucher bestimmte Gewohnheiten aufbauen oder sich an bestimmte Produkte gewöhnt haben, andererseits fürchtet sie dies aber auch. Denn verändert man etwas an einer Verpackung oder am Geschmack eines Produkts, kann dies auch schnell zu einer Katastrophe werden, wenn der Verbraucher sich dann von seinen gewohnten Produkten abwendet. Die geänderte Verpackung wird im Regal nicht mehr erkannt oder als fremd empfunden, und das gewohnte Produkt schmeckt plötzlich nicht mehr. »In dem Supermarkt gab es meinen Kaffee nicht«, heißt es dann, oder »Das schmeckt gar nicht wie Nutella«.

Je mehr Emotionen bei einem Lernvorgang beteiligt sind, desto besser haften die aufgenommenen Informationen, wobei auch das Faktenwissen zunächst kontextabhängig abgespeichert wird und erst später ohne den Bezugsrahmen als Wissen genutzt werden kann.

Der Ulmer Psychiater Manfred Spitzer sagte einmal: »Unser Gehirn kann fast alles, nur eines nicht – nicht lernen.« Unser Gehirn ist also ständig auf der Suche nach neuen Informationen. Diese Suche nach Neuem hat es dem Menschen ermöglicht, sich ständig an neue Situationen, eine neue Umwelt und auch an neue Produkte oder Abläufe anzupassen. Das bedeutet allerdings nicht, dass die archaischen Strukturen in unseren Köpfen in Vergessenheit geraten sind. Sie sind weiter unbewusst vorhanden und werden mit dem Neuen kombiniert.

Gerade dieser Zusammenschluss von uralten Denkmustern und neuen Sachverhalten macht uns für Denkfehler anfällig, die durchaus kostspielig sein können. Der alte Wunsch nach Kommunikation und Austausch mit anderen Menschen erstreckt sich heute nicht nur auf Gespräche von Angesicht zu Angesicht, sondern auch von Handy zu Handy und auf Facebook-Nachrichten.

Früher wurden Märchen und Geschichten am Lagerfeuer erzählt oder in gemütlicher Runde am flackernden Kamin, heute gehen wir ins Kino, um uns Geschichten erzählen zu lassen, kaufen DVDs oder schalten den Fernseher ein. Es reicht uns nicht mehr, Geschichten nur zu hören, wir wollen sie auch sehen, und das am liebsten in 3-D. Ein Grund dafür ist die Suche nach Neuem.

Manche Menschen sind sogenannte News Seeker, die wie mit einer Taschenlampe auf dem Dachboden Läden oder das Internet durchstöbern, um etwas Neues, Unbekanntes zu finden, das sie dann kaufen können. Selbst wenn auf der Pizza nur steht »Mit neuem Rezept«, wird sie in den Einkaufswagen gelegt. Die Steigerung dieser News Seeker sind sogenannte Sensation Seeker. Sie wollen nicht nur Neues, sondern auch Ungewöhnliches, Einmaliges und Dinge, die sich von allen anderen unterscheiden. Oft genug lässt sich das allein durch Produkte nicht mehr erfüllen. Also kauft man sich einen Sprung mit einem Fallschirm, und wenn man es sich leisten kann, fliegt man vielleicht sogar in den Weltraum.

Erfahrungen – die unbewusste Art des Lernens

Es ist ein großer Fehler, dass in unserer Gesellschaft Erfahrungen nur gering geschätzt werden als veraltetes Faktenwissen aus einer Zeit, in der es noch kein Internet, keine Laptops und keine Handys gab. Tatsächlich ist es so, dass es sich bei Erfahrung um die wertvollste Art unseres Wissens handelt. Denn sie nutzt nicht nur einen Teil unseres Gedächtnissystems, wie es das Faktenwissen tut, sondern kombiniert die verschiedenen Teile und ist im günstigsten Fall mit allen drei Teilen verknüpft.

Dies ist deshalb so wichtig, weil das Lernen und das Erinnern an bereits gemachte Erfahrungen dazu dienen, Vorhersagen zu treffen und Absichten zu entwickeln und umzusetzen. Emotionale Bewertungen allein reichen meist nicht aus, um zwischen wichtig und unwichtig zu unterscheiden. Alle eingehenden neuen Informationen werden im Gehirn an denselben Orten, wo ähnliche Sachverhalte bereits gespeichert worden sind, wahrgenommen, mit diesen Erinnerungen abgeglichen und dann ebenfalls dort gespeichert.

Marken setzen auf Erfahrungen

Auch die Vorhersagen über das, was kommt und sein wird, entstehen im Gehirn an den Orten, wo bereits die entsprechenden Informationen vorhanden sind. Das ist auch der Grund, weshalb die Wirtschaft schon sehr früh bei Kindern und Jugendlichen versucht, eine Markenbindung zu etablieren. Je stärker die Erinnerungen und Erfahrungen mit Markenbildern, Markenwelten und Markeneigenschaften sind, desto klarer sind die Vorhersagen, die wir unbewusst treffen, wenn wir in einer Entscheidungssituation sind. Die Marke gibt uns Sicherheit, dass wir genau das bekommen, was wir wollen, ohne dass wir noch lange darüber nachdenken müssen. Dabei geht es nicht nur um Schokoriegel.

Wer als Kind schon gelernt hat, dass Volkswagen »das Auto« ist, bleibt auch später als Erwachsener nicht vor einer Opel-Niederlassung stehen, wenn es darum geht, einen neuen Kombi für die Familie anzuschaffen. Es ist also kein Wunder, wenn die Wirtschaft versucht, uns in fast allen Bereichen auf Marken einzuschwören. Ob es nun um so profane Produkte wie WC-Reiniger geht, um Handys, um Wandfarben oder um Produkte, für die wir uns im Laufe eines Lebens nur höchst selten entscheiden, wie zum Beispiel Fenster oder Dachziegel – selbst Letztere müssen heute zu Markenprodukten werden, damit sie sich besser, leichter und damit auch teurer verkaufen lassen als ihre No-Name-Konkurrenten.

Das Entscheidungssystem kann Geldfehler verhindern – aber auch begünstigen

Eine gute Entscheidung ist Gold wert. Aber bisher ist es den Ökonomen, Sozialwissenschaftlern, Psychologen und Gehirnforschern nicht gelungen, das Geheimnis guter Entscheidungen zu lüften. Denn Entscheidungen gehören wohl zu den komplexesten Abläufen im Gehirn. Keine gleicht der anderen, denn jedes Gehirn funktioniert zumindest in den Details anders als das anderer Menschen, selbst wenn diese sich sehr ähnlich sind. Das haben zum Beispiel Untersuchungen von eineiigen Zwillingen im funktionellen Magnetresonanztomografen gezeigt.

Wir wissen, dass bestimmte Gehirnregionen an der Entscheidungsfindung besonders stark beteiligt sind. Den Kern unseres Entscheidungssystems bildet der präfrontale Kortex. Er ist Teil des Frontallappens der Großhirnrinde, der bei uns Menschen etwa die Hälfte des Hirns in Anspruch nimmt. Hier laufen alle wichtigen Informationen zusammen. Im präfrontalen Kortex sind nicht nur soziale Normen gespeichert, sondern hier werden auch Strategien und Langzeitplanungen entwickelt. Diese stützen sich sowohl auf aktuelle sensorische Signale als auch auf die Zustände des emotionalen Systems und des Belohnungssystems und es werden Verknüpfungen mit Gedächtnisinhalten hergestellt.

Entscheidungen werden unbewusst vorbereitet

All unsere Entscheidungen sind Überlagerungen von Tausenden kleiner Ursachen, beginnend bei den Erfahrungen in der Kindheit über kulturelle Einflüsse bis hin zu Fakten, die wir kennen. Eine ganze Reihe von unbewussten Prozessen fängt an, die Entscheidung vorzubereiten, lange bevor diese ins Bewusstsein dringt. Da wir nicht in der Lage sind, diesen Prozess der Entscheidungsbildung nachzuvollziehen, untermauern wir ihn gern nachträglich mit vernünftigen Gründen. Wir gießen über unsere Entscheidungen eine Bedeutungssoße, wie es der Ulmer Hirnforschungsprofessor Manfred Spitzer bildhaft ausdrückt.

Wie Entscheidungen funktionieren, verdeutlicht das folgende Experiment. Brian Knutson von der Stanford-Universität hat Versuchspersonen in einen funktionellen Magnetresonanztomografen gelegt und ihnen 20 Dollar zur Verfügung gestellt, mit denen sie verschiedene Produkte kaufen konnten. Er zeigte den Probanden das Bild einer Ware, danach deren Preis, und schließlich mussten sie sich für oder gegen den Kauf entscheiden.

Durch das Bild der Ware wurde zunächst das Belohnungssystem aktiviert. Der Preis wurde dann jedoch wie ein Schmerz im Gehirn verarbeitet, beides wurde gegeneinander abgewogen und die endgültige Entscheidung traf dann das Entscheidungssystem im präfrontalen Kortex. Man konnte an den Aktivitäten des Gehirns ablesen, wie die endgültige Entscheidung aussehen würde, auch wenn sie der Versuchsperson selbst noch gar nicht klar war.

Das Entscheidungssystem hat zwar die Endkontrolle darüber, welche Absichten wir haben und wie wir uns verhalten, doch ohne das Belohnungssystem, das emotionale System und das Gedächtnissystem wäre es praktisch hilflos, weil es nicht wüsste, was es wollen sollte, warum es etwas wollen sollte und wie es seine Ziele erreichen kann. Deshalb ist das Zusammenspiel aller vier Gehirnsysteme von so großer Bedeutung.

Entscheidungen können auch vorschnell getroffen werden

Es ist aber nicht so, dass das Entscheidungssystem immer alles richtig macht. Im Zusammenspiel mit dem Belohnungssystem kann es durchaus dazu kommen, dass bestimmte Entscheidungen vorschnell getroffen werden und dadurch Fehler entstehen. Das liegt unter anderem daran, dass das Gehirn nicht in der Lage ist, viele Eindrücke und Informationen gleichzeitig zu verarbeiten und allen genügend Aufmerksamkeit zuteilwerden zu lassen.

Es kommt immer darauf an, welche Informationen im Gehirn Vorfahrt haben und sozusagen auf den Autobahnen fahren und nicht auf Nebenstrecken. Je unbekannter eine Sache ist, desto seltener erhält sie Vorfahrt und desto öfter muss sie für Bekanntes, und damit sind hier hauptsächlich Marken gemeint, Platz machen. Wir, oder genauer gesagt das Entscheidungssystem, haben oft einfach keine Lust, uns mit vielen verschiedenen Aspekten einer Entscheidung abzugeben, sondern suchen uns einen Aspekt aus, der vielleicht nicht einmal von besonderer Relevanz ist.

Stellen Sie sich einmal vor, Sie wollen mit der ganzen Familie ein neues Auto kaufen. Der Vater informiert sich über Motorleistung und vielleicht auch noch über die zukünftigen Kosten für Steuern und Versicherung, die Mutter achtet auf Ablagemöglichkeiten und auch darauf, wie gut man Flecken aus den Sitzpolstern wieder herausbekommt, und was tun die Kinder? Die sagen, wir wollen ein rotes Auto, und damit sind plötzlich die meisten rationalen Überlegungen vom Tisch gewischt.

Kinder sind in den Köpfen von Vätern und Müttern ganz wesentliche Mitentscheider, die man einfach nicht enttäuschen möchte. Und deshalb wird eben das rote Auto gekauft, solange die anderen Faktoren zumindest ungefähr richtig sind und das Auto bezahlbar ist.

Es gibt kein Unisex-Gehirn – warum Männer und Frauen unterschiedlich mit Geld umgehen

»In Anbetracht der großen morphologischen und häufig bemerkenswerten Verhaltensunterschiede zwischen Männern und Frauen wäre es erstaunlich, wenn es beim Gehirn keine geschlechtsspezifischen Unterschiede gäbe.« Diese These formulierte die kanadische Psychologin Doreen Kimura im Jahr 1987.

Die traditionelle Forschung hinsichtlich der Unterschiede zwischen Mann und Frau, die auch von Kimura vertreten wird, hat zwei Dimensionen definiert, in denen sie sich hauptsächlich unterscheiden. Frauen sind im Bereich der Sprache überlegen und Männer im Bereich des räumlichen Vorstellungsvermögens.

Im Hinblick auf das Geldausgeben ist dieser Unterschied allerdings nicht von Bedeutung. Da ist es schon deutlich interessanter, sich den Überlegungen des Cambridge-Psychologieprofessors Simon Baron-Cohen zuzuwenden. Er ist durch seine Theorie zur Entstehung von Autismus weltweit bekannt geworden und hat sich im Zusammenhang mit seinen Forschungen auch mit den unterschiedlichen Denkweisen des männlichen und weiblichen Gehirns befasst.

Baron-Cohens Theorie besagt, dass das weibliche Gehirn überwiegend auf Empathie ausgerichtet ist, während sich das männliche Gehirn hauptsächlich mit dem Begreifen und dem Aufbau von Systemen befasst. Natürlich wissen wir, dass die überwiegende Zahl der Menschen sowohl über die Fähigkeit zur Empathie als auch über die zum Systematisieren verfügt. Es ist lediglich so, dass Personen, bei denen die Empathie stärker ausgeprägt ist, häufig eher Frauen sind, und dass diejenigen, die besser systematisieren können, eher Männer sind. Baron-Cohen warnt jedoch davor, Männer und Frauen zu stereotypieren und in Klischees zu pressen. Sie sind zwar unterschiedlich, aber nicht so sehr, dass eine Verständigung unmöglich ist.

Wir sollten uns deshalb einmal die verschiedenen Aspekte von Empathie und Systematisierungsvermögen vor Augen führen.

Empathie ist keine Gefühlsduselei

Unter Empathie versteht Baron-Cohen die Fähigkeit, Gefühle und Gedanken anderer Menschen zu erkennen und darauf mit angemessenen eigenen Gefühlen zu reagieren. Es geht also nicht nur darum, die Gedanken und Gefühle anderer richtig einzuschätzen, sondern auch darum, in sich selbst eine emotionale Reaktion zu verspüren, die durch die Emotionen anderer ausgelöst wurde. Ziel der Empathie ist immer, andere Menschen zu verstehen, ihr Verhalten vorherzusagen und letztlich auch eine emotionale Verbindung aufzubauen.

Die Empathie zeichnet sich im Wesentlichen durch zwei Elemente aus. Das erste ist die kognitive Komponente. Dazu gehört, dass man seine eigene Perspektive zumindest vorübergehend zurückstellt, die dem anderen bestimmte Einstellungen zuschreibt, und stattdessen versucht, sich in dessen Sichtweise hineinzuversetzen. Diese kognitive Komponente ermöglicht es dann, Vorhersagen für ihr oder sein Verhalten zu treffen.

Der zweite Aspekt der Empathie ist die affektive Komponente, also die angemessene emotionale Reaktion auf den Gemütszustand einer anderen Person. Wenn beide Komponenten zusammentreffen, entsteht das, was wir Mitgefühl nennen.

Empathie ist Teil eines höchst komplexen Systems im Gehirn, dem Event-Feature-Emotion Complex. Das Zusammenwirken der verschiedenen Teile dieses Systems ist in der funktionellen Magnetresonanztomografie deutlich erkennbar. In diesem System werden moralische Werte, Urteile und Verhaltensweisen herausgebildet. Wahrscheinlich sind diese bei Frauen aufgrund des stärkeren Empathievermögens stärker ausgebildet und werden weniger oft verletzt, um eigene Vorteile zu erzielen.

Im Hinblick auf die Ursachen der Finanzkrise der vergangenen Jahre sind inzwischen schon viele Wissenschaftler zu der Auffassung gekommen, dass diese Krise entweder weniger gravierend verlaufen wäre oder gar nicht erst hätte entstehen können, wenn mehr Frauen in den Vorständen der großen amerikanischen Banken vertreten gewesen wären.

Baron-Cohen hat festgestellt, dass Frauen sensibler auf Gesichtsausdrücke reagieren, nonverbale Botschaften besser entschlüsseln können als Männer und subtile Nuancen in der Stimme oder der Mimik nutzen können, um eine andere Person einzuschätzen. Gemeinsam mit Sally Wheelwright entwickelte er einen Empathietest, bei dem den Testpersonen Fotos von emotionalen Augenpartie-Ausdrücken vorgelegt werden. Die Probanden sollen entscheiden, was die abgebildete Person denkt oder fühlt. Bei diesem anspruchsvollen Test, der sich allein auf die Augenpartie konzentriert, schneiden Frauen stets besser ab als Männer. Es ist also nicht verwunderlich, dass Frauen gerade in direkten Verhandlungssituationen sehr erfolgreich sind.

Frauen legen in der Regel viel Wert auf die Entwicklung von altruistischen und reziproken Beziehungen. Um diese zweckmäßig zu gestalten, ist Empathie erforderlich. Männer gestalten Beziehungen eher unter Macht- oder Wettbewerbsgesichtspunkten. Sie legen Wert darauf, ihren sozialen Status zu bestätigen und zu erhalten, während Frauen ihr Augenmerk mehr auf Unterstützung in einer gleichberechtigten Beziehung und auf eine gerechte Verteilung legen.

Das Systematisierungsvermögen schafft Ordnung

Beim Systematisierungsvermögen geht es darum, auf der Basis eines methodisch-analytischen Vorgehens zu verstehen, wie etwas funktioniert und gesteuert wird. Als System lässt sich im Prinzip alles definieren, was nach einer bestimmten Eingabe zu einem bestimmten Ergebnis führt. Alles, was nach Wenn-dann-Regeln abläuft, wo es einen Input und einen Output gibt, ist ein System, sei es nun ein Organismus, eine Verwaltung, eine Maschine oder die Wirtschaft. Jedes System beruht auf einer klaren Hierarchie und Ordnung.

Männliche Aggressivität ist anders als weibliche

Generell geht man davon aus, dass aggressives Verhalten das Gegenteil von Empathie ist und Aggressivität das Einfühlungsvermögen verringert. Ebenso soll durch Einfühlungsvermögen aggressives Verhalten verhindert werden. Das ist in dieser absoluten Betrachtung aber nicht richtig.

Natürlich sind nicht nur Männer aggressiv, sondern auch Frauen. Allerdings gibt es geschlechtsspezifische Unterschiede in der Art, diese Aggressivität auszudrücken. Männer neigen eher zu direkten, also offen geäußerten Aggressionen, die zu körperlicher Gewalt führen können oder auch dazu, im Supermarkt ein defektes Gerät lautstark zu reklamieren. Frauen hingegen neigen eher zur indirekten, auch relational genannten Aggression.

Diese Form der Aggression wird von Männern in der Regel weniger geschätzt als ein offenes aggressives Verhalten, auf das man in derselben Weise antworten kann. Doch subtile Aggression wird ebenso als Schmerz empfunden und im Schmerzzentrum verarbeitet wie körperliche Schläge. Allerdings erfordern indirekte Aggressionen mehr Empathie in dem Sinne, dass man versteht, was man damit in den Köpfen der anderen auslöst.

Kommunikation findet bei Frauen eher in Dialogform statt und weniger durch Befehle nach dem »Basta«-Prinzip.

Männer verwenden Sprache häufiger als Mittel, um ihre soziale Dominanz zu sichern, während die Kommunikation von Frauen eher gemeinschaftsstiftend ist.

Auch Hormone steuern das Geldverhalten

Testosteron macht aggressiv. Diese populäre und weitverbreitete Ansicht beruht auf Experimenten mit Tieren, die sich nach einer Testosterongabe tatsächlich aggressiver verhielten. Dass dieses Ergebnis allerdings ohne Weiteres auch auf den Menschen zu übertragen ist, bezweifelten viele Wissenschaftler und stellten eigene Untersuchungen mit Männern und Frauen an. Testosteron hat nach ihrer Ansicht beim Menschen weniger mit Aggressionsaufbau zu tun, sondern ist für statusbezogenes Verhalten und soziale Interaktionen von Bedeutung.

Neurowissenschaftler haben folgendes Würfelexperiment durchgeführt: Es traten jeweils eine Gruppe Männer und eine Gruppe Frauen gegeneinander an. Den Teilnehmern und Teilnehmerinnen wurde gesagt, dass es bei diesem Experiment darum gehe herauszufinden, ob beim Würfeln wirklich nur das Glück eine Rolle spielt oder ob es auch eine unterschiedliche Geschicklichkeit zwischen Männern und Frauen beim Werfen der Würfel gibt.

Da bei diesem Experiment nur die Gesamtstatistik jeder Gruppe eine Rolle spielte, sollten jeder einzelne Teilnehmer und jede einzelne Teilnehmerin eine bestimmte Zahl von Würfen machen und die jeweils erzielte Augenzahl selbst notieren. Die Ergebnisse der einzelnen Würfe waren für andere Personen nicht sichtbar und wurden auch nicht kontrolliert. Allein die Summe aller Würfe jeder Gruppe war am Ende für das Ergebnis des Experiments ausschlaggebend. Was glauben Sie, welche Gruppe am Ende stets die höhere Augenzahl vorweisen konnte? Die Männer oder die Frauen?

Es waren stets die Männer, die eine höhere Augenzahl meldeten. Waren sie tatsächlich in allen Würfelrunden besser als die Frauen? Rein statistisch hätten sich die Zahlen von beiden Gruppen nach einer bestimmten Anzahl von Würfelrunden angleichen müssen. Das war aber nicht der Fall, und so kamen die Wissenschaftler zu dem Schluss, dass die Männer beim Notieren ihrer Ergebnisse geschummelt hatten. Doch warum sollten sie das tun?

Tatsächlich ging es in diesem Experiment nicht um Geschicklichkeit beim Würfeln, sondern um das Abwägen zwischen Ehrlichkeit und einem möglichen Statusverlust. Die testosterongesteuerten Männer waren eher bereit, die Ehrlichkeit zu opfern, als einen Statusverlust hinzunehmen. Für die Frauen spielte der Status keine Rolle, also notierten sie ehrlich die Ergebnisse ihrer Würfe. Man kann daraus den Schluss ziehen, dass Frauen ein anderes Wertesystem haben als Männer und ihrem Handeln eine andere Bedeutung beimessen.

In einem anderen Experiment ließ der Sozialökonom Paul J. Zak 25 Männer im sogenannten Ultimatumspiel gegeneinander antreten. Der Spielleiter stellt für jede Runde eine Summe Geld zur Verfügung. Spieler A entscheidet, wie er diese Summe zwischen sich und Spieler B aufteilt, und Spieler B entscheidet, ob er die ihm zugedachte Summe annimmt oder ablehnt. Nimmt er die Summe an, darf Spieler A die sich selbst zugedachte Summe behalten und muss den angebotenen Teil an den anderen Spieler abgeben. Lehnt Spieler B die ihm zugedachte Summe ab, bekommen beide nichts.

Nachdem in diesem Experiment einige Runden gespielt worden waren und man so die grundsätzliche Verhaltensweise der einzelnen Spieler kennengelernt hatte, wurde Spieler A eine Dosis Testosteron injiziert. Eine Kontrollgruppe in der Rolle des Spielers A erhielt nur ein Placebo verabreicht. In den nachfolgenden Spielrunden zeigte sich, dass die Testosterongruppe im Vergleich zur Placebogruppe um 27 Prozent weniger freigiebig war.

Das Gleiche machte man dann auch mit den Spielern der Gruppe B, die darüber zu entscheiden hatten, ob sie den zugewiesenen Geldbetrag akzeptierten oder nicht. Auch hier gab es wieder Spieler, die Testosteron erhalten hatten, und andere, die nur ein Placebo bekamen. Die Männer mit dem erhöhten Testosteronspiegel entschieden sich signifikant häufiger, ein zu niedriges Angebot durch Ablehnung zu bestrafen, als die Männer der Placebogruppe. Die Forscher kamen zu dem Schluss, dass ein erhöhter Testosteronspiegel Männer in verstärktem Maß zu antisozialem Verhalten verleitete, wenn sie etwas abgeben mussten. Gleichzeitig reagierten sie rigoroser, wenn sie nicht das bekamen, wovon sie glaubten, dass es ihnen zusteht.

Die Ergebnisse zeigten, dass Männer mit einem natürlichen höheren Testosteronspiegel eher eigennützig handeln oder andere für die Verletzung sozialer Normen bestrafen. Eine höhere Aggressivität konnte nicht festgestellt werden. Andere Studien belegten, dass Männer mit einem höheren Testosteronspiegel eher bereit sind, länger auf eine Belohnung zu warten, die ihnen für die Zukunft in Aussicht gestellt worden ist.

Bei Frauen hat Testosteron eine ganz andere Wirkung, wie Experimente von Christoph Eisenegger und anderen ergaben. Frauen, die eine einzelne Dosis Testosteron erhielten, ohne dass sie über die Art der Substanz informiert worden waren, handelten fairer als die Frauen ohne Testosteron, verringerten in Verhandlungen Konfliktsituationen und verbesserten die Effizienz sozialer Interaktion.

Das Überraschende war allerdings, dass Frauen, die annahmen, dass sie Testosteron erhalten hätten, sich unfairer verhielten, unabhängig davon, ob sie tatsächlich den Wirkstoff oder nur ein Placebo verabreicht bekommen hatten. Es gibt also offensichtlich eine stärkere Beziehung zwischen dem gezeigten Verhalten und den Erwartungen an das eigene Verhalten als zwischen dem verabreichten Wirkstoff und dem tatsächlichen Verhalten.

Warum die Gehirne von Männern und Frauen so unterschiedlich sind

Hier kommt jetzt die evolutionäre Biologie ins Spiel. Ziel eines jeden Lebewesens ist es eben nicht nur, sein eigenes Überleben zu sichern, sondern auch die Existenz der Art durch Fortpflanzung zu erhalten.

Auch wenn es den Männern oft gar nicht bewusst ist, das Ziel ihrer sexuellen Triebe ist es nicht, Spaß zu haben, sondern möglichst viele Kinder mit möglichst vielen Frauen zu zeugen. Nur dadurch sichern sie das Überleben ihrer eigenen Gene und die menschliche Vielfalt. Ob sie jetzt parallel vorgehen, indem sie einen Harem bilden, oder seriell, indem sie viele Beziehungen nacheinander haben, ist dabei unerheblich. Allerdings setzen heute viele und besonders intelligente Männer auch auf sexuelle Exklusivität in Form von Monogamie, anstatt polygam zu sein, weil das nicht nur eine höhere gesellschaftliche Akzeptanz mit sich bringt, sondern auch ökonomisch sinnvoller sein kann.

Auch Frauen verfolgen zumindest unter biologischen Aspekten das Ziel, in der Zeit, in der sie gebärfähig sind, viele Kinder zur Welt zu bringen, die auch nicht notwendigerweise alle von einem Mann stammen müssen. Was hat das aber nun mit Empathie und Systemdenken zu tun?

Auch wenn es nicht gern gehört wird, wurde empirisch längst nachgewiesen, dass bei der Partnerwahl nicht der Mann die Entscheidung trifft, sondern die Frau. Sie entscheidet, ob ein Mann die Chance erhält, sich ihr nähern zu dürfen, auch wenn er der Illusion erliegt, dass er die Frau mit seinem Charme und seiner Vitalität betören konnte. Tatsächlich hat schon Darwin bemerkt, dass Männer bei der Auswahl von Frauen, mit denen sie Geschlechtsverkehr haben wollen, nicht sehr wählerisch sind. Darwin äußerte sich durchaus abfällig über den englischen Landadel seiner Zeit, der allem hinterherjagte, was einen Rock anhatte und nicht schnell genug Reißaus nehmen konnte.

Frauen hingegen sind äußerst wählerisch, und es ist wohl ganz offensichtlich ihre Empathiefähigkeit, die sie befähigt, genau zu entscheiden, ob es der Mann nur auf ein kurzes Vergnügen anlegt oder ernsthafte und dauerhafte Absichten hat. Männer müssen sich qualifizieren, wenn sie erwählt werden wollen. Hier kommt nun der Status als wesentliches Element des Systemdenkens ins Spiel.

Ein Mann mit einer niedrigen gesellschaftlichen Position hat deutlich schlechtere Chancen, eine Frau abzubekommen, als einer mit höherem Status. Insofern sind junge Männer eigentlich von Natur aus benachteiligt, wenn sie nicht über eine entsprechende körperliche Präsenz und physische Ausstrahlung verfügen. Materiell haben sie den Frauen in der Regel wenig zu bieten. Männer mittleren Alters können hingegen ihre schwindende körperliche Attraktivität materiell kompensieren. Ihre Stärken sind dann Macht, Geld und Besitz.

Diese beiden Elemente, körperliche Präsenz sowie Macht und Geld, versuchen Männer deshalb über eine möglichst lange Lebensspanne zu erhalten, und auch kleine, dicke, alte Männer üben, wenn sie Geld haben, noch immer eine gewisse Anziehungskraft auf junge, attraktive Frauen aus.

Und wie ist das nun mit den Frauen? Frauen setzen ihr Leben lang alles daran, attraktiv zu bleiben. Attraktivität ist die Grundlage dafür, eine größere Auswahl bei den Männern zu haben und für die mit höherem Status interessant zu sein und zu bleiben. Eine attraktive Frau steigert den Status des Mannes, der behaupten darf, sie zu besitzen, auch wenn es in Wirklichkeit andersherum ist. Eine attraktive Frau ist immer Teil des männlichen Status. Darauf können natürlich besonders junge Frauen setzen und werden deshalb auch ihr Geld vorrangig dafür ausgeben, ihre Attraktivität zu steigern.

Wenn Frauen zu Müttern werden, kommt ein neuer Aspekt in ihr Leben. Kinder sind Statussymbole und zugleich auch Träger von Statussymbolen. Wenn es ihnen an nichts mangelt und viel Geld für sie ausgegeben wird, steht vielleicht nicht immer ihr Wohlergehen im Vordergrund, aber es ist unabdingbar und wichtig für die Eltern, die es sich leisten können.

Häufig wird ja den Männern die Rolle der Jäger und den Frauen die Rolle der Sammler zugeordnet. Dass der Mann als Jäger dafür verantwortlich ist, für das materielle Aufkommen der Familie zu sorgen, ist leicht einsichtig. Aber wie steht es um die Sammlerin? Tatsächlich wird das Bild der Sammlerin häufig falsch interpretiert. Es geht nicht darum, Früchte und Beeren zu beschaffen, um die Familie zu ernähren, sondern das Sammeln hat eher etwas mit dem Anhäufen und Zusammenhalten von materiellen Dingen zu tun. Das ist, wenn man in diesen Bildern bleiben will, die Rolle der Frau.

Die Frau ist die Bewahrerin dessen, was vorhanden ist, und sie ist diejenige, die für den Wohlstand und damit für das Wohlergehen der kommenden Generationen sorgt.

Wofür Männer und Frauen ihr Geld ausgeben

Was hat das nun alles mit dem Geldausgeben zu tun? Junge Männer gehen in der Regel nicht besonders sparsam mit dem zur Verfügung stehenden Geld um, denn Sparsamkeit macht sie nur für wenige Frauen attraktiv. Junge Männer (aber auch so manche ältere) sind eher der irrigen Auffassung, dass ein Sportwagen als Potenzsymbol ihre Chancen bei den Frauen bis ins Unendliche steigern wird, auch wenn der Wagen auf Raten gekauft wurde. Da Frauen mit ihrer Empathie aber in die Seele des Mannes blicken und nicht auf die Kühlerhaube seines Autos, liegen die Chancen dieser Männer zumindest bei intelligenten Frauen ziemlich niedrig.

Eher lassen sich Frauen mit attraktiven Wohnungen beeindrucken, aber noch besser mit exklusiven Geschenken, die absolut zweckfrei sind. Blumen und Parfum sind schon nicht schlecht, Brillantschmuck ist allerdings kaum zu toppen. Ein Brillantring ist schön, aber nicht unbedingt schöner als irgendein anderer Ring, aber er ist teuer, wahrscheinlich sogar sehr teuer, und er ist absolut nutzlos. Ein Paket Aktien im gleichen Wert ist, wenn es die richtigen Aktien sind, deutlich zukunftsträchtiger, aber für Frauen längst nicht so attraktiv.

Und wofür geben junge Frauen ihr Geld aus, um ihren Wert zu steigern? Kleidung, Schuhe, Kosmetik, die Mitgliedschaft in einem Fitnessklub und soziale Aktivitäten wie zum Beispiel Reisen stehen in der Hitliste oft ganz oben, ebenso wie das eigene Auto, auch wenn man noch bei den

Eltern wohnen muss. Dabei verlassen junge Frauen das elterliche Nest in der Regel immer noch früher als junge Männer.

Diese beiden Aspekte, das statusbezogene Systemdenken bei Männern und das die Empathie stützende Attraktivitätsdenken bei Frauen, sind wesentliche Gründe, die sowohl in jungen Jahren als auch noch im mittleren Alter zu Geldmangel führen. Um es auf einen kurzen Nenner zu bringen: Geldmangel ist offensichtlich in der menschlichen Natur begründet.

Das Savannen-Prinzip – archaische Denkstrukturen bestimmen die Gegenwart

Das Gehirn kann mit Bedingungen und Situationen, die in der Steinzeit nicht existierten, nur schlecht umgehen. Es wendet in vielen Situationen automatisch immer noch die alten Methoden und Problemlösungen an, die uns in Fleisch und Blut übergegangen sind.

Das besagt jedenfalls das Savannen-Prinzip, das von dem englischen Wirtschaftswissenschaftler Satoshi Kanazawa formuliert worden ist. 99 Prozent seiner Entwicklungsgeschichte verbrachte der Mensch als Jäger und Sammler in der Savannenlandschaft, in der er in kleinen sozialen Gruppen von 50 bis 100 Menschen umherzog. Folglich ist sein Gehirn von den Verhaltensweisen geprägt, die sein Überleben, aber auch seinen Fortpflanzungserfolg innerhalb dieser Gruppen prägten.

Damit eine solche soziale Gruppe funktionierte und nicht auseinanderfiel und damit sie sich gegenüber anderen sozialen Gruppen durchsetzen konnte, mussten ganz bestimmte Voraussetzungen erfüllt sein, die auch heute ihre Bedeutung nicht verloren haben.

Jede soziale Gruppe, sei es nun eine Steinzeithorde, eine Familie der heutigen Zeit, ein Unternehmen oder ein Staat, braucht möglichst viele Gruppenmitglieder, die einen Antrieb zum Handeln verspüren. Dieser Antrieb wird im Gehirn vom Belohnungssystem ausgelöst, wie wir bereits wissen. Eine Gruppe, in der niemand etwas tut, geht zugrunde. In einer Steinzeithorde, in der niemand auf die Jagd geht, niemand Wasser holt und niemand Essbares aufsammelt, würden alle verhungern, und in einem Unternehmen, in dem niemand arbeitet, würde niemand etwas verdienen und es wäre sehr schnell pleite.

Nun wird sicherlich der Einwand kommen, dass in unserem Sozialstaat ganze Familien durchaus angenehm leben können, auch wenn keines der Familienmitglieder arbeitet. Das mag im Einzelfall richtig sein, doch würde diese Ausnahmesituation verallgemeinert werden, wäre auch der Sozialstaat schnell am Ende.

Das Belohnungssystem belohnt unsere Aktivitäten zwar mit guten Gefühlen, aber diese lassen sich noch dadurch steigern, dass einzelne Gruppenmitglieder ihren Status innerhalb der Gruppe erhöhen können. Wer mehr verdient und sich mehr leisten kann, wird sich besser fühlen als sein Nachbar, der weniger verdient. Da es in den meisten Fällen aber schwierig ist, einen Einblick in das Bankkonto der anderen zu erhalten, müssen wir uns mit Statussymbolen zufriedengeben.

Wer mehr verdient oder wer viel geerbt hat, möchte zwar nicht seine Finanzen offenlegen, aber seine Besserstellung im Vergleich zu anderen soll schon sichtbar werden. Also kauft er sich ein größeres Auto, einen größeren Fernseher, macht teurere Reisen und trägt Kleidung von teureren Marken. Die Existenz und Nutzung von Statussymbolen – wozu auch alles gehört, was neu ist, sei es ein neues Smartphone oder eben das neueste Automodell – sind also zumindest zu einem Teil auf den Antrieb zum Handeln und damit zum Erhalt einer sozialen Gruppe zurückzuführen.

Damit eine soziale Gruppe funktionsfähig ist, braucht sie allerdings auch eine Struktur, eine innere Ordnung und die Koordination der verschiedenen Aktivitäten. Hier gibt es sechs psychologische Grundprinzipien, die der amerikanische Psychologe Robert B. Cialdini definiert hat: soziale Bewährtheit, Konsistenz, Sympathie, Autorität, Reziprozität und die Verteilung knapper Güter.

Das Hauptziel der Evolution besteht darin, das Überleben der ganzen Art zu sichern. Erst danach wird den egoistischen Genen eine Chance eingeräumt. Eines der wichtigsten Instrumente, das die Evolution den Menschen dabei zur Verfügung stellt, ist das kooperative Verhalten innerhalb der eigenen Gruppe. Heute verfügen die Menschen über höchst ambivalente Verhaltensmuster. Eigentlich sollten sie dazu dienen, zu kooperieren und so allen Vorteile zu bringen. Diese Verhaltensmuster sind aber auch geeignet, andere Menschen so zu beeinflussen, dass ihre Anwendung hauptsächlich uns selbst Vorteile bringt. Das muss aber nicht bedeuten, dass der Vorteil des einen automatisch der Nachteil des anderen sein muss. Einfluss ist nicht per se schlecht, wenn sich niemand dabei oder danach schlecht fühlt.

Die sechs Grundprinzipien von Cialdini sorgen nicht nur dafür, dass die soziale Gruppe funktioniert, sondern sie sind gleichzeitig die wichtigsten Formen der Einflussnahme auf andere Menschen. Seit mehr als 30 Jahren erforscht Cialdini, wie man das Verhalten von Menschen beeinflussen kann. Bei seiner wissenschaftlichen Arbeit stand stets die praktische Seite im Vordergrund. Ihn interessierte, welche Formen der Einflussnahme wirksam sind und wie man sie ethisch korrekt einsetzen kann.

Diese sechs Grundprinzipien haben sich allerdings nicht von allein in die Gehirne der Menschen eingebrannt. Vor rund 70.000 Jahren wären unsere Vorfahren fast ausgestorben. Die Ursache war der gewaltigste Vulkanausbruch der vergangenen zwei Millionen Jahre. Der Supervulkan Toba auf der Insel Sumatra spie so viel Material aus, dass es dem zweifachen Volumen des Mount Everest entsprach. Die Asche blockierte das Sonnenlicht und Säuredämpfe vergifteten die Umwelt. Pflanzen verdorrten und nicht nur die Tiere, sondern auch die meisten Menschen, die von Afrika schon bis nach Ostasien vorgedrungen waren, starben.

Nur wenige Tausend Menschen in Afrika und Indien überlebten. Die Wissenschaft spricht deshalb vom »evolutionären Flaschenhals« der Menschheit. Die Überlebenden mussten, um diese harte Zeit zu überstehen, kooperieren und soziale Verhaltensweisen entwickeln, die ihren Fortbestand sicherten. Diese Grundprinzipien haben sich bis heute erhalten. Sie wirkten damals existenzsichernd, aber welche Wirkung entfalten soziale Bewährtheit, Konsistenz, Sympathie, Autorität, Reziprozität und die Verteilung knapper Güter heute?

Die sechs Grundprinzipien der sozialen Gruppe

1. Soziale Bewährtheit

Das Prinzip der sozialen Bewährtheit besagt, dass wir uns in unserem Verhalten und unseren Entscheidungen an Vorbildern orientieren oder an Menschen, die uns ähnlich zu sein scheinen. Die Mutter kauft für ihre Kinder genau die Schokoladenriegel, die sie als Kind von ihrer Mutter erhalten hat. Der erwachsene Enkelsohn wählt für seine Kinder genau die Karamellbonbons aus, die er von seinem Großvater bekommen hat.

Wir orientieren uns am Verhalten anderer, an unseren Nachbarn oder an den Empfehlungen anderer Kunden im Internet, wenn wir uns für oder gegen ein Produkt entscheiden. Immer wenn es um Qualität und Gebrauchswert geht, rückt der Preis als Entscheidungskriterium in den Hintergrund.

2. Konsistenz

Konsistenz ist die Bereitschaft, einmal getroffene Entscheidungen beizubehalten und zu wiederholen. Selbst wenn man feststellt, dass eine Entscheidung nicht optimal war, neigt man eher dazu, Gründe zu suchen, die diese Entscheidung rechtfertigen, als sein Verhalten zu ändern.

Der frühere Chef der Werbeagentur Grey Bernd Michael hat einmal gesagt: »Wer zu früh kauft, den bestraft das Sonderangebot.« Wer ungeduldig ist und ein neues Produkt direkt bei der Markteinführung kauft, hat sicher einen Fehler gemacht, denn der Preis wird anschließend sinken. Allerdings wird der Käufer gute Gründe dafür anführen, weshalb er als Erster das neue iPhone besitzen musste.

3. Sympathie

In jeder sozialen Gruppe gibt es Menschen, die einem sympathisch sind, und solche, die es nicht sind. Auch wenn wir einkaufen gehen, spielt Sympathie eine große Rolle. Wir kaufen einfach lieber von Menschen, die uns sympathisch sind. Oft sind bestimmte Merkmale wie Geschlecht, Alter und Körpergröße ausschlaggebend, obgleich sie natürlich nichts mit dem Produkt zu tun haben. Da Sympathie den Verkaufserfolg fördert, werden auch gern prominente Persönlichkeiten in der Werbung eingesetzt.

4. Autoritäten

Es gehört zu den evolutionären Grundmustern des Menschen, Autoritäten zu folgen. Heute ist es für uns der Arzt im weißen Kittel, der eine Leistung verkauft, die von der Krankenkasse nicht bezahlt wird; der renommierte Weintester, der uns bestimmte Weine empfiehlt; oder der Baumarkt-Mitarbeiter, der uns beim Kauf eines Rasenmähers berät. Autorität hat sehr unterschiedliche Wurzeln, etwa Kleidung, Körpersprache oder Fachwissen. Autorität beruht also sowohl auf Äußerlichkeiten wie auch auf Erfahrung und Können. Am besten ist es, wenn beides miteinander Hand in Hand geht.

5. Reziprozität

Die Reziprozität ist eine der am stärksten verbreiteten Normen der menschlichen Kultur. Jemand, der etwas als Geschenk bekommen hat, wird versuchen, sich dafür zu revanchieren, um nicht in einem dauerhaften Schuldverhältnis zu stehen. Das gilt nicht nur bei Probefahrten mit einem Neuwagen und kostenlosen oder verbilligten Probeabonnements von Zeitschriften, sondern auch bei Proben, die anderen Produkten beigefügt sind, oder Probeverkostungen an einem Stand im Supermarkt.

6. Verteilung knapper Güter

Während früher die Verteilung knapper Güter eine echte Herausforderung darstellte, ist heute die Erzeugung oder Vortäuschung von Knappheit das wohl bekannteste Prinzip, um eine bestehende Kaufbereitschaft zu fördern. Knappheit macht Waren einfach wertvoller und fördert die Angst, einen Verlust zu erleiden, weil man ein bestimmtes Produkt nicht bekommt. So werden zum Beispiel bestimmte Armbanduhren von Rolex und anderen Luxusmarken weit über dem empfohlenen Preis gehandelt, weil sie nur in geringer Stückzahl gefertigt wurden und entsprechend schwer erhältlich sind.

Nicht ohne Grund gibt Amazon seinen Kunden das Signal »nur noch 3 Stück auf Lager«. Dabei kann es durchaus sein, dass dieses Lager am folgenden Tag wieder gut gefüllt ist. Oder wenn ein bestimmtes Produkt von Ikea in dem einen Ikea-Haus ausverkauft ist, kann es sein, dass es im Ikea-Haus am anderen Ende der Stadt noch in ausreichender Menge verfügbar ist. Wenn es in Sonderangeboten heißt: »Verkauf solange der Vorrat reicht«, ist dies nur von Bedeutung, wenn der Händler nur einen einzigen Laden und keine weiteren Filialen hat.

Eine soziale Gruppe braucht auch Individualisten

Das dritte Element, das eine soziale Gruppe neben Antrieb zum Handeln und Strukturen benötigt, um funktionsfähig zu bleiben, ist die Individualität des Einzelnen. Eine Gruppe von Menschen, die alle nur dasselbe wollen und dasselbe können, wird vielleicht überlebensfähig sein, hat aber keine Chance zur Weiterentwicklung. Wir brauchen Variationen, also Individualität, um uns weiterzuentwickeln. Individualität ist kein Selbstzweck und auch keine Erfindung der modernen Gesellschaft, sondern eine evolutionäre Notwendigkeit bei höher entwickelten Lebewesen.

All diese Elemente einer sozialen Gruppe beinhalten ganz wesentliche evolutionäre Vorteile, die sich allerdings auch in Nachteile verwandeln können, wenn man sie instrumentalisiert und ganz gezielt zur Beeinflussung einsetzt. Gerade die von Robert Cialdini definierten Grundprinzipien sind an sich nicht schlecht oder schädlich, aber sie können es sein, wenn man sie nicht ethisch korrekt einsetzt. Wo diese ethische Grenze in einer Gesellschaft verläuft, ist wahrscheinlich nur bei extremen Auswüchsen zu erkennen, nicht aber im alltäglichen Lebensgeschehen.

Wir brauchen Orientierung

Aber die Umwelt unserer Vorfahren hat sie noch vor eine weitere Herausforderung gestellt. Sich orientieren zu können, war für die ersten Menschen, die in einer Savannenlandschaft lebten, von existenzieller Bedeutung. Sie mussten wissen, wo es Wasser und etwas zu essen gibt und wo sich die anderen Mitglieder ihrer Gruppe befinden. Solange man sich in Sichtweite der anderen befand, war alles in Ordnung. Aber was war, wenn man sich weiter fortbewegte? Wie konnte man wieder zurückfinden?

Die räumliche Orientierung war zu jener Zeit überlebenswichtig. Also fingen die Menschen an, sich Himmelsrichtungen, markante Orientierungspunkte und zurückgelegte Strecken zu merken. Anweisungen wie »Geh in Richtung der aufgehenden Sonne, bis du an einen großen Baum kommst. Dort wende dich in Richtung der Hügelkette, bis du an den Fluss kommst, und gehe dann in Richtung des fließenden Wassers bis zu einer großen Biegung. Dort treffen wir uns nach Sonnenuntergang wieder« gehörten damals wahrscheinlich zum Alltag. Wer diese Anweisungen nicht befolgte, ging verloren.

Also gewöhnte sich das menschliche Gehirn daran, Orientierungspunkten zu folgen. Heute nennen wir sie Anker. Unser Gehirn hat sich im Laufe der Jahrtausende daran gewöhnt, ständig nach neuen Ankern zu suchen, die uns bei Entscheidungen oder Handlungen als Orientierungshilfe dienen können.

Wir suchen diese Anker inzwischen weitgehend unbewusst. Dabei geht es uns gar nicht mehr um die räumliche Orientierung, also um den Weg vom Bahnhof zum Rathaus, sondern um die Orientierung in allen möglichen Lebenssituationen. Ständig benutzen wir Ankerpunkte als Orientierungsmaßstäbe. Ständig entscheiden wir anhand dieser Ankerpunkte, ob etwas gut oder schlecht ist, ob etwas wertvoll oder wertlos ist und eben auch, ob etwas teuer oder billig ist.

Welche Ankerpunkte wir unbewusst auswählen, hängt von unserem Wissen und unserer Erfahrung ab, aber auch von der Situation, in der wir uns befinden. Hier haben wir also gleich zwei Elemente, die ebenfalls zu den Grundfunktionen des Gehirns gehören, nämlich die Lernfähigkeit und die soziale Interaktion. Das menschliche Gehirn kann gar nicht anders, als ständig dazuzulernen. Jede eingehende Information wird auf ihre Relevanz geprüft und auch dahingehend, ob sie zu dem bestehenden Wissen passt.

Im Prinzip sortieren wir die eingehenden Informationen ständig in drei Schubladen ein: »die Information ist bereits bekannt«, »die Information ist neu« oder »die Information ist Quatsch«, dann landet sie in der Schublade »schnell wieder vergessen«. Dass wir bereit sind, ständig dazuzulernen, liegt, wie schon beschrieben, am Belohnungssystem, das uns mit guten Gefühlen versorgt, wenn wir etwas entdecken, das uns bis dahin nicht bekannt war.

Ständig ist unser Gehirn dabei, neue Verbindungen herzustellen und alte zu kappen. Diese Neuroplastizität ermöglicht es dem Menschen, sich schnell auf veränderte Bedingungen einzustellen und nicht in einmal gewählten Verhaltensweisen zu verharren. Die Evolution findet also tagtäglich in unseren Köpfen statt.

Das kalkulierbare Gehirn – wie das Marketing unsere Denkfehler nutzt

Ein kurzer Blick in die Wirtschaftsgeschichte zeigt uns, wie radikal sich die Welt gewandelt hat. Viele Jahrhunderte lang waren die Händler die Könige der Wirtschaft. Sie beschafften wertvolle, weil besonders knappe Güter aus fernen Ländern – wie Seide, Baumwolle, Gewürze, Kaffee und Kakao – und verkauften sie zu exorbitanten Preisen, die die Händler unfassbar reich machten.

Dann kamen die Industriebarone mit ihren Stahlwerken und der chemischen Industrie. Die Produktion billiger Massenware wurde nun zum Motor des Wohlstands. Nach dem Zweiten Weltkrieg gab es in Westdeutschland das Wirtschaftswunder: Kühlschrank, Waschmaschine, Fernseher und Auto für jeden Haushalt. Heute leben wir in Europa in einer Überflussgesellschaft. Alles Notwendige ist zu niedrigsten Preisen, von denen früher niemand zu träumen wagte, überall erhältlich. Glücklicher sind die Menschen dadurch allerdings nicht geworden.

Wenn unsere Wirtschaft sich nur darauf beschränken würde, den Bedarf der Menschen an notwendigen Gütern zu decken, hätten wir zwar kaum Geldprobleme, aber als verwöhnte Mitteleuropäer würden wir das Leben als recht freudlos empfinden.

Schauen wir uns zum Beispiel den einzigen Supermarkt in einem abgelegenen Küstenort Neufundlands an. Ein solcher Laden ist keine 100 Quadratmeter groß und verkauft alles, was die Bewohner des Ortes zum Leben brauchen: zwei Sorten Kaffee, Kondensmilch in Dosen, einige Grundnahrungsmittel wie Mehl, Zucker, Salz und den Rest der Lebensmittel ebenfalls in Dosen (Fleisch in Dosen, Fisch in Dosen, Gemüse in Dosen), und von allem keine Auswahl, eine Sorte weiße Bohnen ohne Tomatensoße, eine Sorte mit Tomatensoße – und natürlich auch Alkohol und Bier, aber auch davon nur wenige Sorten.

Wirkliche Auswahl gibt es nur bei anderen Dingen, die dort zum täglichen Lebensbedarf gehören: unterschiedlich dicke Taue, für den Fischfang diverse Angelhaken und unzählige Ersatzteile für Außenbordmotoren. Ersatzteile für Rasenmäher braucht niemand, weil niemand einen Rasen an der felsigen Küste hat. Es gibt auch keine Tageszeitung, weil die ja nicht täglich geliefert werden könnte. Dafür hat man Radio und Fernsehen und einige Monatsmagazine zu den wichtigen Themen, Fischfang zum Beispiel.

Ähnliche Läden fand man noch vor 30 Jahren auch an der dänischen, norwegischen und schwedischen Küste. Dort sind sie inzwischen verschwunden, weil der Tourismus gekommen ist. Aber in Neufundland gibt es keine Touristen, jedenfalls nicht in diesen kleinen Orten. Trotzdem halten sich die Dorfbewohner gern in ihrem Supermarkt auf, nicht weil sie das Warenangebot anlockt, sondern weil sie dort die Nachbarn treffen und mit ihnen eine Tasse Kaffee trinken können. Die Leute sind damit ganz zufrieden. Bei uns wäre das unvorstellbar. Ein Großteil der Jugendlichen und Erwachsenen würde wahrscheinlich schon nach wenigen Tagen unter Entzugserscheinungen leiden.

Früher war es das Ziel des Marketings, die Vorteile der eigenen Produkte oder Dienstleistungen zur Geltung zu bringen und an die Nutzer zu kommunizieren. Das ist heute anders. Wer heute etwas verkaufen will, muss neue, verborgene Wünsche wecken.

Die neuen Formen des Marketings müssen die bei den Kunden unbewusst vorhandenen Denkfehler nutzen, um eine Entscheidung herbeizuführen, deren wahre Gründe ihnen verborgen bleiben.

Wenn der Kunde sich dann die Frage »Warum habe ich dafür eigentlich Geld ausgegeben?« stellt, wird er sich sicher eine für ihn passende Begründung ausdenken. Nur hat diese oft nichts mit den wirklichen Entscheidungsursachen zu tun.

An den Kaufknöpfen der Konsumenten drehen

Früher hieß es immer, es gäbe im Kopf des Konsumenten keinen Kaufknopf, auf den man einfach nur zu drücken braucht, damit der Kunde sein Geld ausgibt. Das war damals auch richtig. Doch dank der Fortschritte der Neurowissenschaften und der neuen Disziplin des Neuromarketings, aber auch dank der Erkenntnisse der Evolutionspsychologie kennt man heute sieben Knöpfe im Kopf des Konsumenten, an denen man per Feinabstimmung das Geldausgeben stimulieren kann:

- den Belohnungsknopf,
- den Statusknopf,
- den Orientierungsknopf,
- den Erwartungsknopf,
- den Gewohnheitsknopf,
- den Sozialknopf und
- den Wahrnehmungsknopf.

Früher musste man den Affen noch Drähte in den Kopf pflanzen, damit sie auf elektrischem Wege ihr Belohnungssystem stimulieren konnten, heute geht das beim Konsumenten viel einfacher, indem die Wirtschaft direkt auf unser Unbewusstes zielt und nicht den Umweg über rationale Argumente und mühselige Überzeugungsarbeit nimmt.

Wie das Gehirn des Menschen auf unterschiedliche Käufe reagiert

Der Däne Martin Lindstrom ist kein Wissenschaftler, aber ein weltweit angesehener Fachmann für Neuromarketing. Er hat mithilfe der funktionellen Magnetresonanztomografie untersucht, wie das Gehirn des Menschen auf unterschiedliche Käufe reagiert. Er hat dabei vier Gehirnregionen, die sogenannten Hotspots, identifiziert.

Bei Produkten, die unsere Sammelleidenschaft ansprechen, die uns also dazu bringen, mehr zu kaufen, als wir brauchen, wird laut Lindstrom die Region des rechten medialen präfrontalen Kortex aktiviert. Der präfrontale Kortex ist Teil des Frontallappens. Er ist das oberste Kontrollorgan für Entscheidungen und eine der Situation angemessene Handlungssteuerung.

Wenn die Produkte beziehungsweise die Werbung dafür unsere unterschwelligen Wünsche ansprechen, wird vor allem der Nucleus accumbens gereizt. Der Nucleus accumbens spielt eine besondere Rolle im Belohnungssystem. Er gehört zum limbischen System, das für die Entstehung von Emotionen und für das Gedächtnis wichtig ist.

Produkte, die an die menschliche Angst, sei es vor Krankheit oder vor fehlender sozialer Anerkennung, anknüpfen, aktivieren vor allem die Amygdala. Die Amygdala, auch Mandelkern genannt, befindet sich paarweise im medialen Teil des Temporallappens. Sie ist wesentlich an der Entstehung der Angst beteiligt und allgemein für die emotionale Einfärbung von Informationen zuständig. Die Amygdala verarbeitet externe Impulse, führt zur Freisetzung von Stresshormonen und beeinflusst das vegetative Nervensystem, dessen Aktionen als Gefühle wieder auf das Gehirn zurückwirken.

Produkte, die hohes soziales Prestige versprechen, aktivieren besonders das sogenannte Brodmann-Areal 10, das im frontalen Kortex liegt. Hirnscans der funktionellen Magnetresonanztomografie haben gezeigt, dass dieser Bereich besonders gut durchblutet ist, wenn es um Produkte geht, die das Selbstbewusstsein stärken und dem Menschen Identität verleihen. Dazu gehören vor allem Markenprodukte, mit denen wir unseren Mitmenschen zeigen können, dass wir uns etwas leisten können.

Lindstrom meint, dass der Kauf von Markenprodukten sogar süchtig machen kann. Beim Kauf setzt unser Belohnungssystem Dopamin frei, das uns einen Kick versetzt. Kurz danach fällt man in ein Loch, also will man mehr kaufen. Und je weniger Selbstbewusstsein man hat, desto abhängiger wird man von den Marken.

1. Der Belohnungsknopf für lustvolles Shoppen

In den hoch industrialisierten Ländern unserer Welt hat die Beschaffung notwendiger Güter für den täglichen Bedarf immer mehr an Bedeutung verloren und ist eher zu einer lästigen und unumgänglichen Beschäftigung geworden, die man möglichst nebenher erledigt. Wie heißt es in der Werbung der Real-Supermarktkette doch so treffend: »Einmal hin, alles drin.« Die Auswahl in den Supermärkten ist inzwischen so groß und vielfältig geworden, dass man sich den Besuch eines weiteren Ladens getrost sparen kann, es sei denn, es wird dort mit speziellen Wochenangeboten gelockt.

Stattdessen ist das Einkaufen, oder schöner gesagt das »Shoppen«, in eigens dafür errichteten Shopping-Center oder Shopping-Malls in den Innenstädten oder auf der grünen Wiese für Millionen Menschen zu einer bedeutenden Freizeitbeschäftigung und häufig genug zur liebsten Beschäftigung überhaupt geworden. So wie das Fernsehen seit den 1960er-Jahren ist auch das Shoppen spätestens seit den 1990er-Jahren eine eigenständige Aktivität, die einen wesentlichen Anteil an unserer Freizeitgestaltung ausmacht.

Internetshopping wird immer wichtiger

Shoppen macht glücklich und stimuliert das Belohnungssystem, aber nur, wenn es Ereignischarakter hat und uns die Entdeckung von Neuem verspricht. Shoppen muss Spaß machen und sich deutlich von anderen, zum Beispiel beruflichen, Tätigkeiten unterscheiden. Allerdings ist hierbei auch schon wieder ein Wandel in Sicht. Früher mussten wir zum Shoppen unseren Arbeitsplatz oder unsere Wohnung verlassen, heute ermöglicht uns das Internet, in unserer gewohnten Umgebung zu bleiben und vollkommen unabhängig von Ladenöffnungszeiten und irgendwelchen Kleidervorschriften auch im Schlafanzug in der weiten Welt unterwegs zu sein.

In Gruppen gibt man leichter Geld aus

Das Außer-Haus-Shoppen macht den meisten Menschen besonders dann viel Spaß, wenn sie in kleinen Gruppen unterwegs sind. Der Vorteil für die Läden liegt darin, dass sich die Menschen in solchen Gruppen gegenseitig stimulieren, Dinge zu kaufen, die sie eigentlich nicht kaufen wollten oder gar nicht brauchen. Im Prinzip verhalten wir uns immer noch wie die Steinzeitmenschen, die ebenfalls in kleinen Gruppen loszogen, um etwas zu jagen oder zu sammeln. Derjenige, der Beute machte, konnte sich der Anerkennung der anderen ebenso sicher sein wie einer Aktivierung seines Belohnungssystems.

Kaufen funktioniert im Prinzip wie Pilzesammeln. Hat man etwas Genießbares oder Passendes gefunden, darf man einen Vorteil für sich verbuchen. Deshalb sind Rabatte und Sonderangebote, Preisreduktionen, Ausverkäufe oder auch nur XXL-Packungen besonders kaufstimulierend. Aber der Belohnungsknopf ist nicht der einzige, an dem gedreht werden kann.

2. Der Statusknopf stärkt die eigene Wichtigkeit

Wir alle kaufen Produkte nicht nur, um sie zu benutzen oder zu konsumieren, sondern auch, weil sie sowohl für uns selbst nach innen als auch gegenüber anderen nach außen unseren Status unterstreichen. Es gibt heute fast keine Produkte mehr, die nicht vom Hersteller oder Handel mit einer auf die Selbst- oder Fremdwahrnehmung zielenden Bedeutung aufgeladen worden sind.

Selbst Kartoffeln auf dem Markt oder im Supermarkt sind nicht einfach nur Kartoffeln, sondern entweder Premiumprodukte, die Verbraucher ansprechen, die es sich leisten können und/oder wollen, etwas Besseres zu kaufen, oder es sind Sonderangebotskartoffeln, die den preisbewussten Kunden ansprechen, der stolz darauf ist, alles so billig wie möglich zu erwerben.

Status zählt besonders unter seinesgleichen

Status bedeutet nicht, automatisch einen höheren Rang in der Gesellschaft einzunehmen, sondern seine Position in der Schicht, zu der man sich zugehörig fühlt, zu festigen. Heute spricht man in der marketingzentrierten Gesellschaft übrigens nicht mehr von Schichten, sondern von Milieus, die von der Sinus Markt- und Sozialforschung GmbH seit 1978 immer weiter erforscht und verfeinert worden sind.

Als Spezialist für psychologische und sozialwissenschaftliche Forschung und Beratung entwickelte das Sinus-Institut Expertisen und Strategien für Unternehmen und Institutionen in den Bereichen Konsum, Ökologie, Kultur und Politik im Hinblick auf Wertewandel, auf Lebenswelten, die sogenannten Sinus-Milieus, aber auch die Alltagsästhetik und soziokulturelle Strömungen, Trends sowie Zukunftsszenarien. Die Sinus-Milieus sind inzwischen so etabliert, dass in der Marktforschung eigentlich niemand mehr auf sie verzichten kann.

Jedes Milieu hat ganz bestimmte Produktpräferenzen und Konsumgewohnheiten. Dabei werden zehn Milieus unterschieden:

- das konservativ-etablierte Milieu,
- das liberal-intellektuelle Milieu,
- das Milieu der Performer,
- das expeditive Milieu,
- das sozial-ökologische Milieu,
- das adaptiv-pragmatische Milieu,
- die bürgerliche Mitte,
- das traditionelle Milieu,
- das hedonistische Milieu und
- das prekäre Milieu.

Konservativ, etabliert und abgegrenzt

Da ist zunächst einmal das konservativ-etablierte Milieu. Hierbei handelt es sich um das klassische Establishment, das großen Wert auf Exklusivität und Abgrenzung gegenüber anderen legt. Teure Markenartikel sind hier ebenso gefragt wie der Einkauf im exklusiven Einzelhandel.

Individualität darf auch etwas kosten

Das liberal-intellektuelle Milieu stellt die sogenannte Bildungselite mit liberaler Grundhaltung dar. Materielle Dinge haben vordergründig keine Bedeutung, aber natürlich liebt man das Besondere und alles, was die eigene Individualität unterstreicht. Seine Bücher kauft man gern in kleinen, exklusiven Buchhandlungen, man kennt zwar die Bestseller, liest sie aber nicht. Dafür hat man vielfältige Interessen an Kunst und Kultur und ist auch bereit, dafür entsprechend viel Geld auszugeben.

Leistung muss sich auch lohnen

Das Milieu der Performer stellt die multioptionale, effizienzorientierte Leistungselite unserer Gesellschaft und zeichnet sich durch global-ökonomisches Denken und stilistischen Avantgarde-Anspruch aus. In die Wohnungen der Performer würden eher keine Ikea-Möbel gestellt werden, und in der Küche wäre es anstößig, eine Konservenbüchse mit Eintopf zu öffnen, selbst wenn dieser von einer teuren Marke aus dem Supermarkt stammt. Stattdessen kommen hier gern Sushis oder exklusive Tiefkühlgerichte auf den Tisch, denn Zeit haben die Performer nicht, zumindest ist ihre Zeit extrem stark zergliedert und durchgeplant.

Immer online und selten zu Hause

Das expeditive Milieu umfasst die stark individualistisch geprägte digitale Avantgarde. Sie ist unkonventionell, kreativ, mental und geografisch mobil und immer auf der Suche nach neuen Grenzen und nach Veränderung. Mobile elektronische Geräte dominieren in diesem Milieu. Man hat einen besonderen Geschmack und möchte dies auch zeigen. Wichtig sind die Orte, an denen man mit den anderen Mitgliedern seines Milieus zusammentrifft, und um die Zugehörigkeit zu diesem Milieu zu zeigen, gibt man auch gern sein Geld aus.

In den Großstädten verzichtet man auf ein Auto, obgleich man es sich leisten könnte, und fährt stattdessen ein teures Fahrrad oder Taxi, es sei denn, der öffentliche Nahverkehr bringt einen noch schneller ans Ziel. Ständig ist man auf Reisen, und auch beim Essen hat Mobilität eine große Bedeutung. Dagegen spielt die Einrichtung eines klassischen Arbeitsplatzes oder auch Wohnraums nur eine untergeordnete Bedeutung.

Generation Bio-Label

Das sozial-ökologische Milieu ist idealistisch, konsumkritisch und durch ein ausgeprägtes ökologisches und soziales Gewissen geprägt. Nahrungsmittel ohne Bio-Label kommen nicht auf den Tisch, man trägt Kleidung, deren Herkunft bekannt ist, und wo das Holz für das Bücherregal gefällt wurde, weiß man ebenfalls. In diesem Milieu konsumiert man zwar auch, aber nur so, dass man ein gutes Gewissen behält. Eine Nespresso-Maschine käme niemals ins Haus, stattdessen wird der Kaffee dort gekauft, wo man sicher sein darf, dass die kolumbianischen Bauern auch anständig daran verdienen.

Immer gut drauf

Das adaptiv-pragmatische Milieu stellt die moderne junge Mitte der Gesellschaft mit ausgeprägtem Lebenspragmatismus und Nutzenkalkül dar. Man ist zwar zielstrebig und kompromissbereit, gleichzeitig frönt man der Lebensfreude im durchaus konventionellen Rahmen. Sicherheit ist ebenso wichtig wie die Neigung, deutlich seine Verankerung und Zugehörigkeit zu dieser jungen Mitte zu zeigen. Die neue A-Klasse dürfte sehr genau auf diese Zielgruppe zugeschnitten sein, ebenso wie die 3-D-Fernseher. Einkaufen muss für dieses Milieu Spaß machen. Und man trägt gern die Tüten spazieren, auf denen die Namen der Handelsketten stehen, die die Fußgängerzonen der Städte so einheitlich gestalten.

Etwas lernen, etwas leisten, gut verdienen

Die bürgerliche Mitte repräsentiert den leistungs- und anpassungsbereiten bürgerlichen Mainstream. Hier strebt man nach beruflicher und sozialer Etablierung und auch danach, in gesicherten und harmonischen Verhältnissen zu leben. Eigentumswohnungen, Reihenhäuser oder, wenn möglich, ein Einzelhaus am Stadtrand sind hier besonders angesagt. Seine Markenmöbel kauft man in den großen Möbelhäusern, und zum Einkaufen geht man sowohl in den Supermarkt als auch zu Discountern. Gefahren werden gern Kombis und Gebrauchtwagen.

Alles beige, oder was?

Das traditionelle Milieu wird von der Sicherheit und Ordnung liebenden Kriegs- und Nachkriegsgeneration gestellt. Hier zählen die Werte der alten, kleinbürgerlichen Welt, und viele Mitglieder dieses Milieus sind noch in der traditionellen Arbeiterkultur verhaftet. Das Geld sitzt hier nicht so locker, aber man ist durchaus bereit, für schick aussehende Kleidung oder Möbel unverhältnismäßig viel Geld auszugeben. Die Lieblingsfarbe dieses Milieus ist Beige, und die Lieblingskleidung sind Windjacken und bequeme Schuhe. Gesundes und reichliches Essen haben nach wie vor einen hohen Stellenwert.

Hauptsache, man hat Spaß

Das hedonistische Milieu repräsentiert die spaßorientierte moderne Unterschicht und untere Mittelschicht. Man verweigert sich den Konventionen und Verhaltenserwartungen der Leistungsgesellschaft. Schräge Klamotten sind hier ebenso angesagt wie bunte Etuis für die Handys, aufdringlicher Modeschmuck bei den Mädchen und Piercings bei beiden Geschlechtern. Man lebt noch bei den Eltern oder in kleinen Mietwohnungen. Wer Auto fährt, tut dies wahrscheinlich in einem älteren Gebrauchtwagen mit Spoiler und veränderter Auspuffanlage.

Billig ist besser

Das prekäre Milieu wird von der Unterschicht gestellt, die starke Zukunftsängste hat und versucht, an den Konsumstandards der breiten Mitte Anschluss zu halten. Hier ist alles vorhanden, was man auch in den anderen Milieus findet, nur meist um einige Klassen billiger. Der Fernseher ist groß, hat aber ein etwas schlechteres Bild. Die Handy-Töne sind etwas schriller, das Display ist zwar farbig, aber nicht brillant. In diesem Milieu wird durchaus demonstrativ konsumiert, aber über allem schwebt das Label »billig«.

Lieber unter sich bleiben

Während man in den meisten Fällen nicht geneigt ist, sich an anderen Milieus zu orientieren, findet natürlich innerhalb der einzelnen Milieus ein Wettbewerb um Sex, Ansehen, Anerkennung und Attraktivität statt. Dabei möchte man durchaus auch Neid erzeugen. Da die Wirtschaft diese Bestrebungen sehr genau kennt und analysiert, versucht sie den Mitgliedern der verschiedenen Milieus genau die gewünschten Produkte mit den dort gefragten Eigenschaften schmackhaft zu machen. In jedem dieser Milieus wird das passende Mineralwasser getrunken und wahrscheinlich sogar ein exakt auf die jeweiligen Lebenswelten ausgelegtes Toilettenpapier verwendet.

3. Der Orientierungsknopf – Entscheidungen ohne Sicherheit

Schon seit Urzeiten ist es für die Menschen wichtig, sich orientieren zu können. Dazu brauchen sie Orientierungspunkte, die dem Gehirn helfen, Richtung, Größe und Bedeutung richtig abschätzen zu können. Das wissen natürlich auch die Marketingfachleute. Sie tun deshalb ihr Bestes, um uns zu verwirren und die Orientierung zu nehmen, damit wir zur hilflosen Beute geschickter Vermarktungsstrategien werden, oder aber sie versorgen uns mit Orientierungshilfen, die in Wirklichkeit gar keine sind.

Wenn uns die Auswahl überfordert

Beginnen wir einfach einmal bei Produkten, die wir selten kaufen, zum Beispiel bei einem Staubsauger. Um das Ganze leichter nachvollziehbar zu machen, gehen wir nicht in einen Elektronikgroßmarkt, sondern auf die Seiten von Amazon. Wir haben uns bereits im Freundeskreis umgehört, und dort wurden uns Siemens-Staubsauger empfohlen. Also geben wir in die Amazon-Suchmaske »Siemens-Staubsauger« ein. Insgesamt sind dort unter diesem Stichwort 3339 Ergebnisse zu finden, wobei es sich jedoch nicht immer um Staubsauger an sich, sondern auch um Zubehör handelt. Aber die Auswahl ist groß. Jetzt sortieren wir die Auswahl nach »besten Ergebnissen«.

Als Erstes taucht dort der Siemens-Staubsauger VS 06 G

2410 auf. Er hat früher einmal 199,99 Euro gekostet und wird jetzt für 75 Euro angeboten. Er hat eine Leistung von 2400 Watt, ein Filterbeutelvolumen von 3,3 Litern und eine Schallleistung von 84 bis 85 Dezibel. Offensichtlich ist es ein älteres Gerät, denn es ist bei Amazon seit Mai 2005 im Angebot. Aber das muss ja nicht heißen, dass er heute vollkommen veraltet und deshalb auch schlecht ist. Immerhin gibt es zu diesem Gerät 1355 Rezensionen, wovon 856 dem Gerät fünf Sterne gaben, 301 vier Sterne und nur 60 einen Stern. Helfen Ihnen diese Informationen jetzt weiter?

Das zweite Gerät bei Amazon ist der Siemens VSZ 31 455. Es hat vorher 149,99 Euro gekostet und kostet jetzt 106 Euro. Es ist also erheblich teurer als das erste Gerät. Oder ist dieser Unterschied gar nicht so erheblich? Immerhin ist dieses Gerät Testsieger der Stiftung Warentest vom April 2011. Der Staubsauger hat ein Filtervolumen von vier Litern, über die Leistung erfahren wir nichts und über die Lautstärke nur, dass er leise sein soll. Es existieren über dieses Gerät 761 Kundenrezensionen. 537 Kunden gaben fünf Sterne, 131 gaben vier Sterne und 27 einen Stern. Ist dieses Gerät als Testsieger nun besser als das andere?

Zum Vergleich haben wir noch einen dritten Staubsauger herangezogen, und wahrscheinlich könnten wir uns auch noch 257 andere anschauen. Der dritte Staubsauger ist der Siemens VSZ 32 410. Auch er hat 2400 Watt und kostet derzeit 96,94 Euro, während der Ursprungspreis bei 159,99 Euro lag. Er war früher also zehn Euro teurer als das vorhergehende Modell und 40 Euro billiger als das erste. Jetzt liegt er im Preis dazwischen. Dieser Staubsauger hat ein Filterbeutelvolumen von 3,3 Litern und eine Schallleistung von 85 Dezibel. Eine Meinung über das Gerät haben 134 Kunden abgegeben, davon gaben 83 fünf Sterne, 31 vier Sterne und nur drei einen Stern.

Welchen dieser drei Staubsauger würden Sie jetzt kaufen? Welche Information ist für Sie relevant und wie viele Kundenrezensionen werden Sie lesen, um sich eine Meinung zu bilden? Wahrscheinlich sind Sie ebenso hoffnungslos überfordert wie wir. Also werden Sie ein paar einfache Heuristiken, das sind bewährte Denkmuster, anwenden.

Eines dieser Denkmuster könnte sein: Der Staubsauger, der vorher am teuersten war und jetzt am billigsten ist, ist der beste. Oder aber: Das Gerät, das von der Stiftung Warentest ein gutes Urteil bekommen hat, ist das beste. Vielleicht entscheiden Sie sich aber auch dafür, dass das neueste Modell den größten technischen Fortschritt in sich birgt und deshalb das beste ist.

Ich zeige Ihnen mal was – so denken Verkäufer

Wenn wir in einen Großmarkt für Verbraucher gegangen wären und einen Verkäufer gefragt hätten, wären wir vielleicht vor andere Entscheidungen gestellt worden. Er hätte uns wahrscheinlich zunächst zu einem teuren Modell einer anderen Marke geführt und uns dessen Vorteile geschildert. So gibt es zum Beispiel einen Miele Premium 8000 Bodenstaubsauger für 635,55 Euro, der früher 669 Euro gekostet hat. Das wäre uns eindeutig zu viel. Also führt der

Verkäufer uns zu einem AEG CE 2000 Bodenstaubsauger Vampyr mit 2000 Watt für 69 Euro, der früher einmal 159,95 Euro gekostet hat. Dieses Gerät würde auch gern gekauft werden, allerdings würde er es nicht unbedingt empfehlen, erzählt er uns.

Warum nicht? Nun, ein Grund findet sich immer. Entweder gefällt ihm die Bürste nicht oder irgendetwas anderes. Tatsächlich ist wahrscheinlich die Handelsspanne zu niedrig oder seine Provision. Irgendwann landen wir dann bei den Siemens-Staubsaugern, über die wir uns schon vorab informiert hatten. Diese Geräte erscheinen im Vergleich zum Premium-Staubsauger jetzt recht günstig, auch wenn sie im stationären Handel etwas mehr kosten als bei Amazon. Dafür kann man sie aber auch anfassen und in die Hand nehmen.

Auf die Frage, wie oft denn der ganz teure Staubsauger verkauft werden würde, druckst der Verkäufer etwas herum und erklärt uns, es gebe durchaus Kunden, die das Beste vom Besten wollen, aber man habe davon im Moment eigentlich nur noch ein Gerät auf Lager. Vermutlich wird es dort auch noch lange bleiben, denn es hat eigentlich nur die Funktion, alle günstigeren Geräte im Preis-Leistungs-Verhältnis besser aussehen zu lassen.

Bei Amazon, wo drei Geräte so dicht beieinander liegen, fällt die Entscheidung schwer. Im Elektrogroßmarkt nicht. Dort ist die Orientierung durch die vom Handel gewählte Präsentation für den Kunden wesentlich einfacher. Ob sie auch vorteilhafter ist, muss man sich jedoch stets im Einzelfall überlegen.

Ohne Bezugspunkt geht gar nichts

Wir sehen also: Was billig und was teuer ist, entscheiden wir meist durch die Hinzuziehung von Referenzpreisen und Referenzprodukten, und das passiert auch bei ganz profanen Produkten im Supermarkt. Tatsächlich haben die meisten Kunden kaum eine Ahnung, welche Qualität ein Produkt hat und was es kosten darf, solange sie nicht ein Referenzprodukt zur Hand haben. Ist eine Margarine für 75 Cent teuer oder billig? Es gibt eine gleich große Packung auch für 54 Cent und eine für 1,16 Euro. Wenn wir bisher die für 54 Cent gekauft haben, ist die andere für uns relativ teuer. Haben wir bisher die für 1,16 Euro gekauft, ist sie relativ billig.

Und über die Qualität sagt der Preis gar nichts aus. Jedenfalls nicht, bevor wir die Margarine das erste Mal probiert haben und sie uns geschmeckt hat oder nicht. Muss eine Margarine eine bekannte Marke haben? Auch das wissen wir, ehrlich gesagt, nicht. Denn die Produkte beim Discounter werden meist auch von Markenartikelherstellern produziert und nur anders und unter anderem Namen verpackt, ohne dass es Qualitätsunterschiede gibt.

Mental Accounting – viele Gewinne, wenig Verlust

Nach der Theorie des Mental Accounting hat jeder Kunde bei Kaufentscheidungen mehrere Konten im Kopf, auf denen er den Nutzen als Gewinn und die Zahlung als Verlust verbucht. Ein hochdifferenziertes Angebot besteht für jeden Kunden aus mehreren Gewinnen, aber eben auch aus mehreren Verlusten. Bietet man ihm jedoch einen Bündelpreis an, dann steht mehreren Gewinnen nur ein einziger Verlust gegenüber. Das macht solche Bündel attraktiv.

Dieses Prinzip wird zum Beispiel bei Werbespots im Fernsehen verwendet. Der Kunde erhält ein Produkt zu einem bestimmten Preis und dazu mehrere Gratisprodukte, für die er nichts zu bezahlen braucht. Wenn er die Kaufmenge verdoppelt, erhält er in der Regel noch einmal einen Rabatt, den er wiederum als Gewinn verbuchen kann. Unter dem Strich entsteht so also der Eindruck, viele Gewinne gemacht zu haben und nur zwei Verluste.

Bei den sogenannten Shop-in-Shop-Systemen war es – und ist es auch heute gelegentlich noch – üblich, dass bei jedem Shop getrennt bezahlt werden musste. Die Aneinanderreihung von verschiedenen einzelnen Zahlvorgängen führte dazu, dass das Bezahlen bei der internen Kontoführung aufaddiert wurde und der Kunde irgendwann aufhörte einzukaufen, weil er unbewusst das Gefühl hatte, nun sei es genug. Die meisten Händler haben inzwischen erkannt, dass Menschen mehr kaufen, wenn man sie so selten wie möglich zur Kasse bittet. Also kann der Kunde jetzt wie im Supermarkt die in den verschiedenen Shops gekauften Produkte in einem Körbchen sammeln und muss nur noch ein Mal an einer Zentralkasse bezahlen. Die Umsätze stiegen erkennbar für alle daran beteiligten Shops.

Was alle gut finden, muss doch auch gut sein

Aber kommen wir noch einmal zurück zu den Staubsaugern bei Amazon. Auch hier sind verschiedene Mechanismen erkennbar. Da gibt es zum Beispiel die soziale Bewährtheit. Wenn Hunderte von Kunden sich über das Produkt geäußert haben und die meisten der Beurteilungen positiv sind, dann vermuten wir ganz automatisch, dass es sich wirklich um ein gutes Produkt handeln muss. Dabei wissen wir überhaupt nicht, ob die Leute, die dort ihre Bewertungen produzieren, tatsächlich qualifiziert urteilen können.

Erstaunlich ist auch, dass bei Produkten mit vielen Kundenrezensionen immer noch mehr geschrieben werden. Eigentlich würde es doch reichen, wenn zehn oder 20 Leute sagen, der Staubsauger taugt was und tut das, was er soll. Aber warum gleich einige Hundert? Geht es den Leuten tatsächlich noch darum, anderen zu helfen, oder wollen sie sich nur selbst in Szene setzen und sagen können: »Guck hier, da ist auch meine Beurteilung«?

Glauben Sie mir, ich weiß, was ich sage

Ein ganz anderer Weg, um den Verbraucher in seiner Orientierung zu beeinflussen, ist es, Autorität auszuüben und über angebliche Beratung zu verkaufen. Besonders häufig finden wir diesen Verkaufsweg bei Finanzprodukten. Der sogenannte Bankberater, eigentlich ist er Verkäufer, genießt meist neben seiner Autorität, hergeleitet aus dem Verständnis der verschiedenen komplizierten Finanzprodukte, auch noch das Vertrauen seiner Kunden. Dies ergibt sich aus der langjährigen Zusammenarbeit der Kunden mit dem jeweiligen Finanzinstitut. Autorität und Vertrauen sind bestens dazu geeignet, jede Form von Orientierung zu verwischen.

Kaufen, bevor alles weg ist

Eine bewährte Variante, um die einfachen Heuristiken der Kunden zu nutzen, ist das Thema Knappheit. Auch hier sind es wieder die Urerfahrungen, die unser Verhalten leiten. Wenn etwas knapp ist, ist es einerseits wertvoll oder zumindest wertvoller als das, was reichlich vorhanden ist. Und wenn etwas knapp ist, kann man daraus schließen, dass bald ein Mangel entstehen wird und man sich deshalb besser sofort bevorratet.

Ob es allerdings einen Mangel an Staubsaugern bei Amazon jemals geben wird, ist höchst fraglich. Vielleicht ist die Produktion des Modells, von dem es nur noch acht Exemplare gibt, längst ausgelaufen und man möchte mit allen Mitteln den Lagerplatz räumen, um Platz für das Nachfolgemodell zu schaffen. Welches dann vielleicht eine etwas andere Buchstaben- oder Ziffernfolge haben wird und sich von dem bisherigen Modell eigentlich nur dadurch unterscheidet, dass der Knopf zum Ein- und Ausschalten nicht mehr schwarz, sondern rot ist.

Knappheit wird uns im Handel auf vielerlei Weise suggeriert, manchmal im Zusammenhang mit einem Sonderangebot und dem Hinweis »Abgabe nur in haushaltsüblichen Mengen«. Aber was ist diese haushaltsübliche Menge? Manche Haushalte brauchen viel von einem Produkt, weil der Haushalt groß ist, andere nur sehr wenig. Ist damit ein Zwölf-Personen-Haushalt gemeint oder ein Zwei-Personen-Haushalt? Auch der Hinweis »Nur solange der Vorrat reicht« ruft uns sofort die Vorstellung von Knappheit in den Sinn. Wenn ich jetzt nicht kaufe, ist morgen nichts mehr da.

Beute machen

Oft genug sind allerdings die wirklichen Sonderangebote nur reine Lockvögel. Besonders günstiges Katzenfutter ist in manchen Lidl-Filialen schon am Montagvormittag ausverkauft, auch wenn der Vorrat eigentlich noch die ganze Woche reichen sollte. Man hat dann eben einfach zu wenig bekommen. Besonders oft konnte man diese Knappheit bei den Schlecker-Drogeriemärkten beobachten. Was als Sonderangebot für die Woche in Prospekten und Anzeigen angeboten wurde, war manchmal überhaupt nicht verfügbar.

Enttäuschte Käufer entschließen sich nämlich in der Regel nicht, dann gar nichts zu kaufen, sondern sie schleppen wenigstens irgendetwas anderes, was deutlich teurer ist, als Beute nach Hause.

4. Der Erwartungsknopf weckt die Vorfreude

Vorfreude ist die schönste Freude. Werbung wirkt. Diese beiden Sätze gehören eindeutig zusammen. Wir wissen, dass das Gehirn ein Vorhersageinstrument ist, und die Marketingfachleute wissen das auch und nutzen diese Eigenschaft des Konsumentengehirns hemmungslos aus. Man kann vielleicht Kindern vorschreiben, was sie tun und lassen sollen, auch wenn dies immer seltener gelingt, aber nicht Erwachsenen, die fest davon überzeugt sind, dass es ein wesentlicher Teil ihrer Persönlichkeit ist, zu wissen, was sie wollen, und zu entscheiden, was sie tun.

Etwas haben zu wollen beruht auf einer starken Aktivität des Belohnungssystems, dessen Aufgabe es ja ist, Ziele zu erreichen. Diese Aktivität äußert sich in Vorfreude. Ziele können dabei alles Mögliche sein, zum Beispiel ein gelungenes Abendessen mit Freunden vorzubereiten. Wahrscheinlich wird jeder schon einmal die Erfahrung gemacht haben, dass er bei dem Einkauf für ein solches Essen viel zu viel gekauft hat und nachher Unmengen von Resten übrig blieben, die den Kühlschrank verstopften, eingefroren wurden oder schlicht und einfach im Müll landeten, weil sie schon bald verdorben waren.

Wunsch und Wirklichkeit

Mit jedem Kauf eines Produkts, das wir später verzehren, verbrauchen oder gebrauchen wollen, verbinden wir eine Vorstellung, die sich erst zu einem späteren Zeitpunkt realisieren wird. Diese Vorstellung von dem, was später sein wird, wird ganz klar durch Vorabinformationen gelenkt, die uns die Werbung vermittelt. Dabei spielt die Verpackung eine große Rolle, denn 70 Prozent aller Kaufentscheidungen werden erst im Laden getroffen. Je exotischer und teurer ein Produkt ist, desto aufwendiger und größer ist die Verpackung.

Werfen wir doch einfach einmal einen Blick in die Tiefkühltruhen der Supermärkte. Billige Pommes frites, das Kilo für 99 Cent, werden oft in transparenten Plastiktüten angeboten, auf denen dann die Inhaltsstoffe und die Zubereitungsart in vielen verschiedenen Sprachen stehen. Premium-Pommes-frites, das Kilo zu 2,99 Euro, finden wir dagegen in bunt bedruckten Tüten, die das fertig zubereitete Produkt zeigen und als »Country Pommes« vielleicht auch noch das Flair das amerikanischen Südstaaten verbreiten.

Die einfachen Pommes sind nur Nahrungsmittel und erinnern allenfalls an eine Pommes-Bude. Die Country-Pommes stimulieren hingegen die Vorstellung von Urlaub, Freizeit und Grillabenden auf der Terrasse an warmen Sommertagen. Die Vorfreude und die Erwartung, die wir mit diesen Pommes verbinden, sind einfach attraktiver, selbst wenn wir genau wissen, dass wir nicht draußen sitzen werden, weil wir November haben und es regnet.

Diese Überlegungen lassen sich beliebig fortsetzen. Die Verpackungen von gefrorenen Tintenfischringen erinnern an ein Essen in einem Restaurant am Mittelmeer, und gefrorene Fertiggerichte, seien es nun Thai-Krabben in Currysoße mit asiatischem Gemüse oder eine Fertigpizza, lassen sich nur durch geweckte Erwartungen gut verkaufen.

Dasselbe System gilt natürlich auch für viele andere Produkte. Eine teure Flasche Whisky wird von den Herstellern gern in einem Karton verpackt angeboten, weil sich darauf die schottische Landschaft viel besser darstellen lässt als auf der Flasche selbst. Dasselbe gilt auch für schottischen Lachs. Selbst auf einem Heringssalat finden wir häufig Bildelemente, die einen Hauch von Frische und von Meer vermitteln.

Vorhersagen müssen in der Werbung nur oft genug wiederholt werden, bis sie als fester Gedankenbaustein im Gehirn der Verbraucher verankert sind und dann als Realität wahrgenommen werden. Nach wie vor gilt in der Werbung die alte Regel »Penetration geht vor Variation«, man muss es nur oft genug sagen, damit es zu einem Verhaltensmuster wird. Wer oft genug gehört hat: »Ein Ouzo für meine guten Freunde«, wird irgendwann nach dem Essen mit Freunden einen Ouzo auf den Tisch stellen. Der Hersteller kann dann nur noch hoffen, dass sich der Gastgeber an die richtige Marke erinnert hat.

Auf Vorrat kaufen fördert die Vielfalt

Viele Leute glauben, dass sie am wirtschaftlichsten mit ihrem Geld umgehen, wenn sie nur einmal in der Woche zum Supermarkt fahren und dann dort alles kaufen, was sie für den Rest der Woche benötigen. Das kann tatsächlich der Fall sein, muss es aber nicht. Wer jeden Morgen zum Frühstück einen Joghurt isst und Himbeerjoghurt am liebsten mag, wird wahrscheinlich nicht sieben Himbeerjoghurts auf Vorrat kaufen, weil ihm das zu langweilig erscheint. Denn Abwechslung ist ja bekanntlich das halbe Leben.

Also kauft er verschiedene Joghurts. Bloß die anderen schmecken ihm wahrscheinlich gar nicht so gut. Sie bleiben im Kühlschrank stehen und wandern irgendwann in den Müll. Jedes weggeworfene Produkt musste aber immerhin erst einmal gekauft werden und hat für den Hersteller damit seinen Zweck erfüllt.

Vom Heute auf das Morgen schließen

Wir leben beständig im Jetzt und schreiben das, was jetzt ist, wie wir uns jetzt fühlen und was wir uns jetzt wünschen, einfach linear in die Zukunft fort. Wir glauben, dass uns das, was wir jetzt gut finden, auch noch morgen gefällt oder in einem Jahr oder in zehn Jahren. Doch das ist ein Irrtum.

Egal ob wir eine Tafel Schokolade kaufen oder einen Sportwagen, wenn wir die Sache erst besitzen, ist sie langweilig und weniger begehrenswert. Das großartige Gefühl, das wir beim Kauf hatten, ist verflogen. Tatsächlich beurteilen wir Kaufentscheidungen in der Rückschau völlig anders als in der Vorschau. Das merken wir zum Beispiel, wenn wir in unseren Kleiderschrank gucken oder wenn ein Heimwerker in seinen Werkzeugschrank schaut.

Im Kleiderschrank hängen mit großer Sicherheit Kleidungsstücke, die wir nur höchst selten und manchmal auch gar nicht getragen haben. Hinterher sind wir schlauer und wissen, dass es ein Fehlkauf war. Schauen wir allerdings in die Zukunft, dann sind wir der Meinung, dass wir diesen Mantel, dieses Hemd oder diese Bluse, es können natürlich auch Schuhe sein, unbedingt haben und tragen müssen, weil das Gefühl in der Gegenwart so stark ist.

Das Gleiche gilt auch für ganz praktische Dinge wie zum Beispiel einen Elektrohobel. In dem Moment, als der Heimwerker ihn gekauft hat, brauchte er ihn und benutzte ihn vielleicht auch, um eine Tür dem neuen Teppichboden anzupassen. Und dann liegt das Gerät jahrelang unbenutzt im Schrank.

Natürlich wurde dieser Effekt auch von den Neuroökonomen empirisch erforscht. Die Testpersonen eines in den USA durchgeführten Experiments wurden gefragt, wie viel Geld sie für eine Konzertkarte einer Band ausgeben würden, die vor zehn Jahren zu ihren Lieblingen zählte. Die Teilnehmer sagten: »80 Dollar.« Dann wurden sie gefragt, wie viel Geld sie heute für ein Konzert ihrer derzeitigen Lieblingsband ausgeben würden, das aber erst in zehn Jahren stattfinden wird. Der genannte Betrag lag im Durchschnitt bei 129 Dollar. Offensichtlich konnten sich die

Menschen nicht vorstellen, dass sie in zehn Jahren ihre derzeitige Lieblingsmusik gar nicht mehr so toll finden würden und sie ihnen dann keine 129 Dollar mehr wert wäre.

Der Grund für dieses Verhalten liegt darin, dass wir uns selbst in der Gegenwart so erleben, als wären wir am Ziel unserer persönlichen Entwicklung angekommen. So, wie wir jetzt sind, sind wir nach unserer eigenen Wahrnehmung ziemlich perfekt. Wir gehen einfach nicht davon aus, dass wir uns in Abhängigkeit von äußeren Veränderungen ebenfalls ziemlich radikal ändern werden.

Anders lässt es sich zum Beispiel nicht erklären, dass sich viele in jungen Jahren für viel Geld aufwendig tätowieren lassen und einige Jahre oder Jahrzehnte später ebenso viel Geld dafür ausgeben, diese Tätowierungen wieder entfernen zu lassen. Die Menschen glauben einfach nicht, dass sie sich verändern und etwa ein tätowiertes Dekolleté bei einer jungen Frau vielleicht ein Hingucker ist, dieselbe Tätowierung aber auf der schrumpeligen Haut einer 60-Jährigen längst nicht mehr die gewünschte Wirkung entfaltet.

Morgen wird alles gut

Mit einer ganz anderen Form der Erwartungen wird im Zusammenhang mit Finanzierungen spekuliert. Nach dem Motto »Kaufe jetzt und zahle später« verlagern wir Finanzprobleme einfach in die Zukunft, wo nach unseren Erwartungen alles besser werden wird und das Geld dann reichlich vorhanden ist. Kaufen Sie sich doch jetzt das Motorrad, das Sie schon immer haben wollten, denn jetzt sind Sie jung und haben Spaß. Bezahlen ist dagegen langweilig, und das kann man ja auch ruhig später machen. Am liebsten ist es den Finanzberatern natürlich, wenn Sie einerseits Ihr Geld langfristig anlegen und andererseits gleichzeitig Kredite aufnehmen, um Ihre Wünsche jetzt zu realisieren.

Selbst bei so großen Themen wie dem Hauskauf hat das Hier und Jetzt eine ganz entscheidende Bedeutung und nicht die zukünftigen Entwicklungen. Ein Häuschen oder eine Wohnung im Neubaugebiet auf der grünen Wiese stimuliert die Idee von Naturverbundenheit und uneingeschränkter Sicht in die Ferne. Doch steht das Haus erst einmal und kommen andere Häuser auf den Nachbargrundstücken dazu, ist es vorbei mit den schönen Illusionen.

Noch unangenehmer wird es natürlich, wenn in einigen Jahren eine dringend benötigte Umgehungsstraße direkt in der Nachbarschaft verläuft, wenn eine große Schule gebaut wird, nachdem die eigenen Kinder ihre Ausbildung abgeschlossen haben, oder wenn am weit entfernten Flughafen eine neue Start- und Landebahn entsteht, die direkt auf Ihr Grundstück verweist. Damit haben Sie zu dem Zeitpunkt, als Sie sich hoch verschuldeten, um den Traum vom Eigenheim zu verwirklichen, nicht gerechnet. Die schönen Erwartungen sind verflogen, nur die Schulden sind geblieben.

5. Der Gewohnheitsknopf – unseren Marken sind wir treu

Konsistenz, Verlässlichkeit und Zuverlässigkeit, also die Eigenschaft, zu einmal getroffenen Entscheidungen zu stehen, gehört schon seit Urzeiten zu den wichtigen sozialen Verhaltensweisen. Doch was ursprünglich für den Zusammenhalt einer kleinen sozialen Gruppe von großer Bedeutung war, kann sich in der heutigen Konsumwelt für den Einzelnen durchaus als kostspieliger Denkfehler entpuppen. Denn Konsistenz bedeutet in der heutigen Konsumwelt vor allem eines: Markentreue.

Wenn wir uns einmal für eine Marke entschieden haben, bleiben wir dabei. Ohne noch groß nachzudenken, greifen wir immer wieder zu den bewährten Produkten der Marke, ohne lange den Preis, den Inhalt einer Verpackung oder die Zusammensetzung des Produkts zu überprüfen. Dieses Verhalten der Konsumenten ist für Hersteller und Händler Gold wert. Die Markenbindung entsteht in der späten Kindheit und der Jugend. So ist es kein Wunder, dass für diese Altersgruppe am meisten in die Werbung investiert wird.

Gewohnheiten im späteren Lebensalter zu ändern ist schwierig, aufwendig und manchmal auch unmöglich. Man muss schon mit ziemlich neuen und anderen Produkten auf den Markt gehen, wie zum Beispiel mit dem Onlinebanking im Unterschied zum Filialbank-System, um Verbraucher zum Wechsel ihrer Gewohnheiten zu bewegen. Oder aber man muss gesellschaftliche Megatrends nutzen, wie den zu ökologisch korrekten Produkten.

Meistens ist es aber so, dass Markenartikelhersteller, wenn auch mit Verspätung, solche Trends adaptieren und in ihre eigene Markenstrategie einbauen. Filialbanken bieten ihren Kunden inzwischen auch Onlinebanking an, und wer Gemüse mit Biosiegel kaufen möchte, muss nicht mehr in einen speziellen Bioladen gehen, sondern findet in jedem Rewe- oder Edeka-Supermarkt eine preislich akzeptable Produktauswahl.

Gewohnheiten haben ja schließlich die Aufgabe, den Menschen vor Fehlern zu bewahren. Bei einem Markenprodukt macht man nichts falsch, weil das Produktversprechen in exakt der gleichen Weise immer wieder eingehalten wird. Aber stimmt das tatsächlich? Wie ist es denn mit dem sogenannten Markentransfer? Die Hersteller von Kleidung produzieren inzwischen auch Kosmetikartikel und umgekehrt. Manche bauen inzwischen auch Uhren. Aber kann jemand, der früher Koffer und Handtaschen hergestellt hat, auch gute Uhren bauen? Dem Füllhalterhersteller Montblanc traut man vielleicht noch zu, dass er die Qualität seiner Schreibgeräte auch auf Uhren übertragen kann. Aber ein Parfumhersteller, woher hat der das Know-how für alle möglichen anderen teuren Accessoires? Die Luxusautomarke Bugatti wäre fast daran kaputtgegangen, dass sie die Markenrechte fast wahllos an andere Hersteller vergeben hat, die das Label auch auf weniger wertvolle Produkte setzten. Daraus haben andere gelernt und sind vorsichtiger geworden.

Noch schlimmer ist es mit gefälschten Produkten. Hier wird der Verbraucher auf kriminelle Weise regelmäßig hereingelegt, und selbst wenn ihm klar sein muss, dass man im Urlaub am Strand kein echtes Lacoste-Polohemd für fünf Euro kaufen kann, greift er oft genug dennoch zu und ist hinterher enttäuscht. Liegt das nun an der Gier, etwas besonders billig kaufen zu können, was eigentlich teuer sein müsste, oder liegt es einfach an der Gewohnheit, bestimmte Marken zu kaufen? Wahrscheinlich ist beides der Fall.

Aus Gewohnheit mehr von demselben

Der Gewohnheitsknopf im Gehirn führt aber auch dazu, immer mehr von demselben zu kaufen, auch wenn man es nicht braucht. Man vergisst einfach zu leicht, was man sich schon auf Vorrat angelegt hat, Büroartikel sind dafür ein schönes Beispiel, aber auch Putz- und Reinigungsmittel. Sind Aktenordner und Schreibgeräte bei Aldi oder Lidl im Angebot, nimmt man sie mit, denn gebrauchen kann man sie ja eigentlich immer. Das Gleiche gilt bei Autobesitzern für Felgenreiniger und Scheibenreinigerkonzentrat, bei Gartenbesitzern für Blumendünger und bei allen, die es gemütlich haben wollen, für Kerzen oder Geschirr.

Immer ist es ein Sonderangebot, das uns dazu verführt, mehr von dem zu kaufen, was wir schon haben. Entweder werfen wir dann das, was wir noch benutzen könnten, weg und nehmen das neu gekaufte Produkt, oder wir verstopfen unsere Schränke und Regale, bis wir die überflüssigen Sachen dann irgendwann für einen Basar des Tierschutzvereins oder einer anderen nützlichen Einrichtung stiften. Auf jeden Fall haben Verbrauchergewohnheiten einen festen Platz im Marketinginstrumentarium.

6. Der Sozialknopf – wenn Prominente etwas empfehlen

Dass man die sozialen Verhaltensweisen der Menschen, wie zum Beispiel die Empfindung von Sympathie, die Reziprozität, aber auch den Wunsch nach Zugehörigkeit oder die Neigung, es anderen gleichzutun, auch dazu nutzen kann, erfolgreicher zu verkaufen, wussten die Hersteller und Händler schon lange, bevor die Neurowissenschaftler und Verhaltensökonomen dies durch Experimente wissenschaftlich bewiesen haben. Sympathie empfinden wir ja nicht nur für Menschen, die uns leibhaftig gegenüberstehen, sondern auch für Werbefiguren oder Prominente, hauptsächlich Sportler oder Schauspieler.

Wir glauben, diese Prominenten zu kennen, und schätzen ihre Leistungen. Da ist es gar nicht mehr wichtig, dass diese Prominenten ein bestimmtes Produkt persönlich empfehlen, es reicht schon, wenn sie im Umfeld des Produkts auftreten.

In der Frühzeit des Werbefernsehens gab es einen TV-Spot, in dem jemand plötzlich Rückenschmerzen bekam. Zufällig war der damals bekannte Schauspieler Willy Birgel auf seinem Pferd in der Nähe. Er beugte sich zu dem schmerzgeplagten Mann hinab und sagte nur: »Ich habe da was für dich.« Dann kam aus dem Off eine Stimme, die sagte: »Wir wissen nicht, was Willy Birgel empfiehlt, wir empfehlen Togal.« Nach diesem Prinzip funktionieren auch heute noch Fernsehspots.

Dirk Nowitzki, der Basketballstar, gibt einem kleinen Jungen ein Autogramm, der dann rummault: »Das kann man ja gar nicht lesen.« Oder er macht am Strand einem kleinen Mädchen versehentlich die Sandburg kaputt und muss sie dann viel schöner und größer aufbauen, als sie jemals zuvor war. Dass diese kleine Episode immer Werbung für eine Direktbank macht, erfährt man erst im Abspann: »DiBa DiBa Du.«

Natürlich möchte man Sympathie gewinnen. Der große Star ist nett zu dem kleinen Kind, das sich selbst recht anspruchsvoll verhält. In der Strandszene sind sogar noch Erwachsene zu sehen, die zunächst missbilligend, am Ende aber anerkennend auf Dirk Nowitzki blicken. Das alles löst im Kopf des Konsumenten Denkkaskaden aus, die er weder analytisch noch bewusst nachvollzieht. Es bleibt nur ein sozialer Eindruck übrig, nämlich nett, verantwortungsvoll und respektvoll gegenüber dem Schwächeren. Und man darf damit rechnen, dass sich das auch auf die Erwartungen an das Verhalten des Finanzinstituts überträgt.

Aber es müssen ja gar nicht immer Prominente sein. Der Marlboro-Mann, der Tchibo-Kaffeeexperte und Käpt'n Iglo sind ebenso wirkungsvoll. Im Supermarkt reicht schon ein Pappaufsteller mit einem Gesicht, um Wein besser verkaufen zu können. Und wenn Sie Werbepost bekommen, werden Sie feststellen, egal worum es geht, irgendwo findet sich immer ein Foto von einer Person, die die Botschaft transportiert.

Tit for tat

Apropos Direktwerbung per Post: Erhalten Sie zur Weihnachtszeit auch Spendenaufrufe, denen immer ein paar Postkarten kostenlos beigelegt sind? Hier rechnet man auch mit einem ganz einfachen Mechanismus. Man schenkt Ihnen etwas und erwartet, dass Sie nun auch etwas schenken, um sich zu revanchieren. Selbst wenn Sie die Postkarten nicht mögen, irgendjemand wird sich aufgerufen fühlen, Geld zu überweisen, sonst hätte man diese Aktionen schon vor vielen Jahren eingestellt.

Hier geht es wieder um Reziprozität. Dabei kommt es überhaupt nicht auf die Größe und den Wert des Geschenks an. Gelegentlich bekommen wir Werbebriefe, auf denen ein einzelnes Ein-Cent-Stück aufgeklebt ist. Was kann man für einen Cent heute noch kaufen? Eigentlich nichts, aber den guten Willen des Adressaten dieses Briefs, ein Probeabonnement einer Zeitschrift oder eines Newsletters zu bestellen. Die Regeln der Reziprozität lauten: Mache ein kleines Geschenk, und du bekommst mit großer Wahrscheinlichkeit ein größeres zurück.

Auch die Verkostungsstände mit Gratisproben in den Supermärkten sollen Sie ja eigentlich gar nicht unbedingt von der Qualität eines Produkts überzeugen, sondern Sie direkt zum Kaufen verführen. Da steht dann ein freundlicher Bauer, der Ihnen ein paar Apfelstücke anbietet, dahinter die Tüten mit Obst. Ein Bäcker lässt Sie ein Stück Brot kosten, ein Winzer schenkt Ihnen ein Schlückchen Wein ein oder eine freundliche Dame bietet Ihnen an, Ihre Brille zu putzen.

Das alles geschieht natürlich nicht aus purer Freundlichkeit oder weil derjenige, der da steht, von seinem Produkt so überzeugt ist, sondern weil Geschenke Gegenleistungen erfordern. Oft genug bekommen Sie als Gegenleistung auch nur ein gutes Gewissen. Darauf bauen ganze Geschäftszweige auf, die Straßenmusiker zum Beispiel oder auch die Leute, die mit einem etwas heruntergekommenen Lama in der Fußgängerzone stehen und das Schild »Wer Tiere liebt, der gerne gibt« hochhalten.

Dabei sein ist alles

Es ist aber nicht nur das gute Gewissen, das wir uns etwas kosten lassen. Noch mehr ist es uns wert, dazuzugehören. Sogenannte Fanartikel lassen sich aus diesem Grund ganz hervorragend und teuer verkaufen. Zugehörigkeit zu demonstrieren war früher ein wesentliches Element der Religionsausübung. Man ging zusammen mit anderen Menschen in die Kirche, man trug eine bestimmte Kleidung, am Sonntag etwa einen dunklen Anzug, und man sang gemeinsam dieselben Lieder.

Diese Zugehörigkeit ist heute ebenfalls ein Element des Konsumismus. Zugehörigkeit wird speziell von Jugendlichen durch bestimmte Kleidung oder bestimmte Accessoires signalisiert, und natürlich signalisieren wir unsere Zugehörigkeit auch durch die Teilnahme an Mega-Events wie Public Viewing bei Sportereignissen oder anderen Großveranstaltungen.

Dazuzugehören kostet in erster Linie Geld. Die Motorradmarke Harley-Davidson verkauft ihren Kunden nicht nur ein Zweirad, sondern auch das Gefühl, zu einer ganz bestimmten Gruppe von Menschen zu gehören. Gleichzeitig hat sie es aber auch noch geschafft, dieses Zugehörigkeitsgefühl mit Individualität zu verbinden, die dadurch entsteht, dass jeder Harley-Davidson-Fahrer sein Motorrad ganz individuell verschönert, verbessert oder ausbaut. Man fährt zwar eine Harley-Davidson, aber eben eine, die anders aussieht als die der anderen Fahrer.

Das gleiche Phänomen existiert übrigens auch bei den Fahrern des Geländewagens Land Rover. Ein Landrover ist eigentlich ein Arbeitsgerät, aber die, die ihn fahren, machen daraus einen Kult und basteln ständig an ihrem Auto herum oder lassen ihre Werkstatt basteln. Die Um- und Ausbauten eines Land Rovers kosten manchmal doppelt so viel wie der Wagen selbst. Auch hier geht es wieder um Zugehörigkeit und Individualität, die man dann auf den Treffen der Land Rover-Fans zur Schau stellen kann.

Was alle tun, kann nicht falsch sein

Der Nachahmungsautomatismus ist ein wirksames Verkaufsinstrument, um eine Kaufbremse bei den potenziellen Kunden zu lösen. Wenn ein Kunde im Supermarkt am Wühltisch steht, auf dem Reste und Sonderangebote angeboten werden, hat das noch keine Nachahmungswirkung. Stehen dort aber drei oder fünf Personen, so stellen sich die nächsten dazu und versuchen auch, ein Sonderangebot zu ergattern. Nicht umsonst liegen die Kassen in der Nähe des Eingangsbereichs. Hereinströmende Kunden sehen gleich, was und wie viel andere schon gekauft haben, und greifen dann vielleicht auch kräftig zu.

Am besten und unterhaltsamsten ist der Nachahmungstrieb der Kunden auf dem Hamburger Fischmarkt. Dort werden Räucherfische, Obst oder Blumen als Pakete lautstark angepriesen mit den Worten: »Ich lege noch einen Bückling drauf.« Irgendwann schießt dann ein Kunde auf den Händler zu und kauft. Alle anderen haben jetzt das Gefühl, etwas verpasst zu haben, und warten auf das nächste Angebot.

Einen ähnlichen Mechanismus kann man bei den Kofferversteigerungen auf Flughäfen erleben. Hier werden Gepäckstücke versteigert, deren Besitzer nicht mehr ermittelt werden konnte, nachdem sie ihm während der Reise verloren gegangen waren. Man weiß nicht, was da drin ist. Eigentlich sollte man annehmen, dass in diesen Koffern und Taschen nichts wirklich Wertvolles sein kann, weil der Besitzer sonst sicherlich alle Hebel in Bewegung gesetzt hätte, sein Gepäck zurückzubekommen. Trotzdem überbieten sich die Interessenten regelmäßig, um einen bestimmten Koffer oder eine bestimmte Tasche zu ergattern, und sind hinterher genauso regelmäßig von deren Inhalt enttäuscht. Hier wirkt das soziale Prinzip der Nachahmung eindeutig zum Vorteil des Versteigerers.

7. Der Wahrnehmungsknopf – mit allen Sinnen

Was hat unsere Nase damit zu tun, dass wir einmal wieder zu viel eingekauft haben? Wahrscheinlich mehr, als wir vermuten. Das sogenannte Duftmarketing gehört ganz eindeutig zu den neuromanipulativen Methoden, die Hersteller und Händler einsetzen, um ihren Kunden das Geld aus der Tasche zu ziehen. Duftstoffe wirken nämlich unbewusst.

Die zehn Millionen Geruchszellen in der Nasenhöhle verfügen insgesamt über 350 verschiedene Rezeptoren für Geruchsstoffe, die ihre Informationen auf direktem Wege an das limbische System im Gehirn weiterleiten, wo sie sofort in Emotionen umgewandelt und mit Erinnerungen verknüpft werden. Ursprünglich sollte uns unser Geruchssinn vor verdorbenem Essen, giftigen Gasen oder Feuer warnen. Aber er dient auch dazu, andere Menschen und ihre Gefühlslage zu erkennen. Angst zum Beispiel kann man riechen.

Tatsächlich ist das olfaktorische System des Menschen noch relativ unerforscht. Wissenschaftler arbeiten erst seit 20 Jahren daran, den Riechprozess zu entschlüsseln. Früher glaubte man, dass das Sehen und Hören die Sinne sind, die dem Menschen die wichtigsten Informationen über seine Umwelt liefern. Das Riechen wurde als eher nebensächlich abgetan. Heute weiß man, dass der Geruchssinn derjenige ist, der das Verhalten der Menschen am stärksten beeinflusst. Wir können etwas noch so Schönes erleben, wenn es gleichzeitig fürchterlich stinkt, werden wir keine Freude daran haben.

Mit Duftmarketing wurde im Jahr 2007 in den USA bereits ein Umsatz zwischen 50 und 80 Millionen Dollar gemacht. Bis 2017 wird sich dieser Markt nach Ansicht von Fachleuten auf das Zehnfache vergrößern. Duftmarketing ist heute immer noch eine Art Geheimwaffe, die weltweit nur von wenigen Fachleuten richtig eingesetzt werden kann.

Die häufig überladenen Gerüche zur Weihnachtszeit wirken sich allerdings eher geschäftsschädigend aus, wie man heute weiß. Der Duft von Tannenzweigen, Butter und Karamell, vielleicht auch noch von Orangen beschäftigt das Gehirn der Kunden so stark, dass sie sich nur noch auf die Analyse der verschiedenen Aromen konzentrieren und das Kaufen vollkommen nebensächlich wird. Ein einfacher Duft ist da besser.

Riecht es in einem Geschäft nach Orangen, steigt die Zahl der Spontankäufe im Schnitt um 20 Prozent, wie die empirische Forschung gezeigt hat. Während Orangen also verkaufsfördernd wirken, macht die Zitrone eher munter und führt dazu, dass der Kunde aktiviert wird und den einen Laden verlässt, um gleich den nächsten wieder aufzusuchen. Andererseits lässt sich mit Zitrusdüften die Konzentration der Schüler während einer Unterrichtsstunde durchaus erhöhen.

Aber es geht oft auch gar nicht darum, durch Düfte die Warenpräsentation zu unterstützen und einen zusätzlichen Kaufanreiz zu schaffen, zum Beispiel durch Brathähnchen-

oder Kaffeeduft. Manchmal reicht es auch schon, Erinnerungen zu wecken. So wollte ein amerikanischer Limonadenhersteller im Sommer mit seinen Getränkeautomaten an bestimmten Aufstellorten Frauen um die 40 gezielt ansprechen. Man schaffte dies mit dem Geruch nach einer Kokos-Sonnencreme, die die potenziellen Kundinnen an Urlaub erinnerte. Tatsächlich wurde mit diesem Duft eine signifikante Umsatzsteigerung erzielt.

Oft genug sind die Düfte sehr subtil, sodass wir gar nicht merken, wie sie uns beeinflussen. Vanille wird sehr positiv wahrgenommen, und Meeresduft passt sehr gut zu Reisebüros.

Inzwischen gibt es aber auch schon Düfte, die die Marke unterstützen und ein fester Bestandteil des Markenkonzepts sind. Der amerikanische Bekleidungshersteller Abercrombie & Fitch betreibt diese Form des Duftmarketings ganz exzessiv. Nicht nur die Kleidungsstücke – Jeans, Polohemden und Sweatshirts – werden so stark parfümiert, dass man sie allein schon am Geruch von anderen unterscheiden kann, auch die Einkaufstüten und die Verkaufsräume. Sogar außerhalb der Geschäftsräume wird der Firmenduft versprüht, sodass man in manchen Einkaufsstraßen nur der Nase nach laufen muss, um bei Abercrombie & Fitch zu landen.

Rabatt ist rot und groß ist billig

Natürlich ist es nicht nur die Nase, die uns Wahrnehmungen liefert, die uns zum Kaufen verleiten. Rote Etiketten auf Produkten werden in der Regel als Sonderangebotssignal interpretiert, weshalb manche Hersteller schon dazu übergehen, irgendwo auf der Verpackung einen markanten roten Fleck in der Größe eines Preis- oder Sonderangebotsetiketts anzubringen.

Wir wissen auch, dass das Belohnungssystem ganz automatisch auf Worte wie »Rabatt« aktiv reagiert. Selbst ein schlichtes Prozentzeichen kann eine solche Wirkung auslösen, weil wir inzwischen auf die Wahrnehmung solcher Signale trainiert sind.

Jedes Mal, wenn wir in einen Supermarkt gehen, lernen wir dazu. Längst weiß der Kunde ganz unbewusst, dass links die billigen Produkte stehen und rechts die teuren. Aber auch damit kann er ausgetrickst werden. So wurden in einem Supermarkt die Packungen mit Räucherlachs von links nach rechts im Preis aufsteigend sortiert. Allerdings ging es dabei nicht um den Kilopreis, sondern um den Preis der einzelnen Packung. Links stand billiger Lachs zu 100 Gramm verpackt, in der Mitte stand teurer Lachs in einer 50-Gramm-Packung, und rechts stand dann wieder billiger Lachs in der 250-Gramm-Packung. Wenn man nicht sehr genau auf den Kilopreis oder die Gewichtsangabe schaute, hatte man also den Eindruck, dass der teure Lachs eigentlich der günstigere sei.

Ein anderer Irrtum ist der, dass große Packungen billiger sind als kleine. Das ist in den Köpfen der Kunden inzwischen als unverrückbare Wahrheit gespeichert. Und genau das macht sich die Industrie zunutze. Inzwischen sind häufig kleinere Parfum- oder Kosmetikverpackungen bezogen auf die Menge eindeutig günstiger als große. Schokobrotaufstrich in großen Gläsern ist meist teurer als in kleinen Gläsern. Und selbst bei der Würzsoße Tabasco kann man feststellen, dass eine kleine Flasche einen niedrigeren Preis pro Liter hat als eine doppelt so große. Das Wissen der Verbraucher wird also ganz gezielt genutzt, um sie in die Irre zu führen.

Das Gleiche gilt auch für Weinregale. Jeder Kunde weiß: Die billigen Weine stehen unten und die teuren oben. Wer automatisch eine Flasche Wein aus dem unteren Regal nimmt, wo man das Preisschild ohnehin nur besonders schlecht erkennen kann, wird an der Kasse oft überrascht werden. Im unteren Regal stehen dann nämlich auch mittelpreisige und manchmal sogar teure Flaschen. Man hat die Sortierung so geändert, dass der Kunde sich nicht mehr auf seinen automatisierten Kaufreflex verlassen kann.

Der Preis als Dreh- und Angelpunkt

Damit sich ein Produkt gut verkauft, muss es nicht nur für den Konsumenten Nutzen stiften, sondern es muss auch einen Preis haben, den die Verbraucher als fair empfinden und der auch Herstellern und Händlern Gewinn bringt. Doch wie findet man den richtigen Preis? Preise zu beurteilen, ist für Verbraucher ziemlich schwierig, und auch Hersteller und Händler tun sich damit schwer.

So ist es kein Wunder, dass Unternehmungsberatungen wie Simon-Kucher & Partners als weltweit führende Pricing-Spezialisten so gut im Geschäft sind. Ihre Botschaft lautet: Jeder Hersteller und jeder Händler sollte die Zahlungsbereitschaft seiner Kunden ausschöpfen und nicht weniger verlangen, als er bekommen könnte.

Diese Zahlungsbereitschaft zu ermitteln ist sowohl die Aufgabe der klassischen Marktforschung als auch der neuen Disziplin des Neuropricing. Hierbei wird den Kunden mithilfe der funktionellen Magnetresonanztomografie oder des Elektroenzephalogramms direkt ins Gehirn geguckt, um zu sehen, wie weit ihre Zahlungsbereitschaft tatsächlich geht. Die Beratung bezieht sich aber nicht nur darauf, an der Preisschraube zu drehen, sondern Produkte und Dienstleistungen auch so zu gestalten, dass sie zu gleichen Kosten hergestellt, aber zu höheren Preisen verkauft werden können.

Viele Konsumenten gehen bei der klassischen Vorstellung von der richtigen Preisfindung immer noch davon aus, dass die Herstellungskosten als Grundlage genommen werden. Was kosten die Rohstoffe, was kostet die Arbeit, die in die Produktion gesteckt wird, und wie hoch ist der Gewinn, den die Hersteller auf ihr Produkt aufschlagen? So kommt man zum Einkaufspreis für den Handel. Dieser schlägt dann noch seine Kosten und seinen Gewinn auf den Einkaufspreis drauf, wodurch schließlich der endgültige Marktpreis entsteht.

Die wenigsten Konsumenten sind sich allerdings darüber im Klaren, dass diese Aufschläge höchst unterschiedlich ausfallen können. Bei Boutiquen in bester Lage und mit entsprechend hohen Mietpreisen pro Quadratmeter kann der Handelsaufschlag bis zu 300 Prozent des Einkaufspreises betragen. Der Preis, den der Endkunde bezahlt, ist also viermal so hoch als der, den der Hersteller bekommt. Das meiste Geld zahlt man also nicht für die Qualität des Produkts, sondern für das Einkaufserlebnis in schöner Umgebung. Wenn solche Produkte in Outlet-Centern mit 15 oder 30 Prozent Rabatt im Vergleich zu Innenstadtpreisen angeboten werden, liegen die Gewinne für den Handel also immer noch nicht so schlecht.

Preiskriege sind gar nicht so selten

Viele Preise werden allerdings gar nicht so rational durchkalkuliert. Auch Preiskriege zwischen den Herstellern können den Endpreis bestimmen. Hier ist der Konsument zumindest kurzfristig der Gewinner, während es bei den Herstellern und Händlern häufig nur Verlierer gibt. Also versuchen diese, Preiskriege möglichst zu vermeiden, ohne sich auf verbotene Preisabsprachen einigen zu müssen.

Sie kommen trotzdem immer wieder vor, weil ein Hersteller zunächst einmal seinen Marktanteil erhöhen will, um dann später mit seinen Preisen nachziehen zu können, wenn er den Markt erst einmal beherrscht. Das war früher zum Beispiel bei japanischen Autos der Fall, als sie den europäischen und amerikanischen Markt eroberten. Aber man findet so etwas auch heute noch bei ganz banalen Produkten wie Markenmargarine oder Nudeln. Ein hoher Marktanteil sichert dem Hersteller im Handel die besseren Verkaufsplätze und auch größere Absatzmengen.

Viele Hersteller, die mit einem neuen Produkt auf den Markt kommen, orientieren sich auch der Einfachheit halber an den Preisen der Wettbewerber, die sie dann so minimal wie möglich zu unterbieten versuchen. Solche Methoden bringen Herstellern und Händlern jedoch nur wenige Vorteile. Viel interessanter ist es da, mit wertbasierten Preisstrategien, dem sogenannten Value Based Pricing, zu arbeiten, wie im Folgenden beschrieben wird.

Die Zahlungsbereitschaft der Kunden ausschöpfen

Es lassen sich wesentlich höhere Gewinne erzielen, wenn man herausfindet, wie viel die jeweiligen Kunden zu zahlen bereit sind. Was ist es zum Beispiel einem Kunden wert, sich nach der Anschaffung eines Neuwagens nicht mehr um die Kosten für Wartung und Versicherung kümmern zu müssen, weil diese bereits Teil der monatlichen Leasingrate sind? Wertbasierte Preisstrategien kümmern sich vorrangig nicht darum, was es kostet, ein Produkt herzustellen, sondern wie hoch der Nutzen vom Konsumenten bewertet wird.

Preise müssen als fair empfunden werden

Das Wichtigste ist, dass ein Preis als fair angesehen wird, und diese Betrachtungsweise kann von ganz unterschiedlichen Aspekten gesteuert werden. Wer eine Reise zum Frühbucherpreis ordert, wird sie wahrscheinlich kostengünstiger erhalten als jemand, der sich erst zwei Wochen vor dem Reisedatum entscheidet. Allerdings trägt dieser Frühbucher auch ein größeres Risiko, zum Beispiel dass er aus Krankheitsgründen die Reise gar nicht antreten kann.

Deshalb wird er womöglich zu dieser Reise auch noch eine Reiserücktrittsversicherung mitbuchen. Da aber die Versicherung und die Reise selbst gedanklich unterschiedlich betrachtet werden und nicht als Gesamtpreis wahrgenommen werden, wird es dem Kunden wahrscheinlich nicht bewusst sein, dass der Frühbucherpreis dann doch nicht so günstig ist.

Gerade die Preise von Flugreisen oder Hotels sind stark situationsabhängig. Die meisten Verbraucher halten es für fair, wenn anlässlich einer großen Messe die Übernachtungspreise in den Hotels einer Stadt deutlich nach oben schnellen. Wenn ein Hotel dann nicht voll belegt ist, kann es durchaus sein, dass die Zimmerpreise kurzfristig sinken.

Dass Preise nach unten gehen, wenn sich bestimmte Produkte und Dienstleistungen sonst nicht mehr verkaufen lassen, nimmt der Verbraucher als natürlich hin. Am Ende eines Markttages wird leicht verderbliches Gemüse auf einmal deutlich billiger als noch in den Morgenstunden. Dieses Prinzip gilt eben auch für Plätze im Flugzeug, die kurz vor dem Start noch nicht besetzt sind, oder für Hotelzimmer, die sonst eine Nacht lang nicht belegt werden könnten. Dass die Fluggesellschaften und Hoteliers versuchen, frühzeitig alle Plätze und Zimmer zu verkaufen, und deshalb auch Überbuchungen in Kauf nehmen, die dem Kunden dann viel Ärger bereiten können, wird von den meisten Konsumenten als selbstverständlich hingenommen.

Was nicht gut funktionierte, war, als Coca-Cola versuchte, die Preise für die Getränke an den Verkaufsautomaten in den USA durch Messung der Außentemperatur zu steuern. Je heißer es wurde, desto teurer wurde die Erfrischung. Das fanden die Kunden ziemlich unfair und hielten sich beim Kauf zurück.

Auch Amazon musste sich im Jahr 2000 entschließen, eine kundenorientierte Buchpreisgestaltung auf dem US-Markt wieder zurückzunehmen, weil die Buchvielkäufer den Internethändler boykottierten, als sie merkten, dass sie höhere Preise zahlen mussten als Kunden, die nur gelegentlich ein Buch orderten. Immer ging es darum, die individuelle Zahlungsbereitschaft auszuschöpfen.

Das kennen wir unter anderem auch von Abonnements. Studenten erhalten eine Zeitschrift billiger als ein Normalkunde. Wichtig bei solchen individuellen Preisgestaltungen ist es, die verschiedenen Kundengruppen mit ihrer unterschiedlichen Zahlungsbereitschaft sauber voneinander zu trennen und diese Trennung auch zu kontrollieren. Wenn jemand nur mit der Behauptung, er sei Student, eine Zeitschrift billiger bekommt, werden das bald viele versuchen. Also muss der Verlag entsprechende Hürden errichten.

Für Neues zahlt der Kunde mehr

Ein anderer Weg, die Zahlungsbereitschaft der Kunden anzukurbeln, besteht darin, immer wieder Neuheiten auf den Markt zu bringen, für die die Kunden bereit sind, mehr zu zahlen. Dabei können die Herstellungskosten eventuell sogar niedriger liegen, weil die Bauteile aus bestehenden Modellen überall dort eingesetzt werden, wo man es nicht sieht. Autos werden fast nur nach Äußerlichkeiten gekauft, die man umgestalten kann, und nicht nach der Qualität der Technik, die im Inneren verborgen ist.

Bei Bündeln oder Paketen kauft der Kunde mehr

Man kann auch verschiedene Leistungen zu einem Bündel zusammenschnüren oder als Paket verkaufen, um die Zahlungsbereitschaft der Kunden auszunutzen. Die meisten Autos haben zunächst einmal einen Grundpreis, den man entweder durch Sonderausstattung aus der Zubehörpreisliste erhöhen kann oder durch ganze Ausstattungspakete, die in der Regel günstiger sind, als wenn man die in diesen Paketen enthaltenen Ausstattungselemente einzeln kaufen würde.

Da gibt es dann das Klimapaket, das Komfortpaket oder auch das Winterpaket. In all diesen Paketen sind allerdings auch Zubehörteile versteckt, die der Kunde sonst nicht gekauft hätte. Im Winterpaket sind vielleicht nicht nur eine Sitzheizung und eine Heizung der Außenspiegel enthalten, sondern auch gleich noch eine größere Batterie, die ja durchaus nützlich sein kann, aber nicht unbedingt sein muss, und ein Satz Winterreifen auf speziellen und natürlich besonders teuren salzfesten Alufelgen statt der sonst eher gebräuchlichen billigeren Stahlfelgen. Im Klimapaket ist eine Klimaanlage enthalten, aber auch elektrische Fensterheber für die hinteren Türen und ein Glasschiebedach, das man sonst vielleicht nicht geordert hätte.

Diese Paket- oder Bündelpreise finden wir überall, zum Beispiel bei den Telefontarifen. Hier gibt es Gesamtpreise für ganze Bündel, und niemand weiß, welchen Preis eine SMS eigentlich wirklich haben dürfte, wenn man vom »Herstellerpreis« ausgehen würde. Wir kennen diese Bündel- oder Paketpreise auch von den Menüs in den Schnellrestaurants. Man bekommt zwei Hamburger, ein Getränk, eine Portion Pommes frites und einen Salat oder eine Nachspeise. Im Paket sind alle Dinge zusammen günstiger als beim Einzelkauf. Aber vielleicht würde man Teile davon überhaupt nicht ordern, würden sie nicht im Paket angeboten.

Geplante Obsoleszenz und die Wegwerfmentalität

Wir dürfen uns nicht wundern, wenn am Ende des Geldes noch so viel Monat übrig ist, wenn wir nicht nur von Herstellern und Händlern zum Kaufen verführt werden, sondern wenn auch die Lebensdauer von Produkten immer kürzer wird. Früher hielten Röhrenfernseher in der Regel zwölf bis 15 Jahre. Moderne Flachbildfernseher schaffen meist nur noch fünf Jahre. Aber viele Konsumenten werfen noch funktionierende Flachbildfernseher auf den Müll, weil sie nach drei Jahren nicht mehr dem modernsten technischen Standard entsprechen und zum Beispiel keine HD-Qualität oder 3-D-Darstellung liefern können.

Glühlampen, die lange halten, verderben das Geschäft

Erstmals praktiziert wurde die »geplante Obsoleszenz« im Jahr 1924 vom Phoebuskartell, in dem sich alle Glühlampenhersteller zusammengeschlossen hatten, um die Lebensdauer einer Glühbirne auf nicht mehr als 1000 Stunden zu begrenzen. Hersteller, die gegen diese Regel verstießen, mussten sogar Geldstrafen an das Kartell zahlen. In den 1940er-Jahren flog diese Absprache auf, und die künstliche Begrenzung der Lebensdauer von Glühbirnen wurde verboten. Doch es half nichts mehr: Glühbirnen brannten auch danach nicht länger als 1000 Stunden, und die Lebensdauer der modernen Energiesparlampen ist nach Ansicht vieler Fachleute sogar noch kürzer.

Die bewusste Beschränkung der Lebensdauer betrifft nicht nur Glühbirnen, das wäre ja noch zu verschmerzen, sondern inzwischen fast alle technischen Produkte. Besonders die modernen Mobilgeräte wie Laptops, Smartphones und Tablet PCs sind inzwischen so ausgelegt, dass sie schwer oder nur vom Hersteller zu hohen Preisen repariert werden können. Teile sind verklebt oder mit Spezialschrauben befestigt, für die man erst ein besonderes Werkzeug beschaffen müsste, und auch die früher leicht austauschbaren Akkus werden inzwischen eingeklebt, sodass man sie nicht mehr einfach wechseln kann.

Man sollte heute nicht damit rechnen, sein Mobilgerät wesentlich länger als drei Jahre benutzen zu können, unter anderem auch deshalb, weil eine neuere Software gar nicht darauf läuft. Natürlich streiten die Hersteller Böswilligkeit ab und verweisen stattdessen darauf, dass die Verbraucher gar keine alten Geräte weiterbenutzen wollen, sondern Wert darauf legen, stets mit dem neuesten Trend zu gehen. Und wer das nicht will, hat eben einfach Pech.

Wenn Reparaturen teurer sind als das Gerät selbst

Auch bei vielen Durchschnitts-Haushaltsgeräten sind Reparaturen teuer oder Ersatzteile nicht mehr erhältlich. Irgendwann ging der Motor unseres teuren Markenmixers kaputt. Der Hersteller war nicht bereit, dieses schon in die Jahre gekommene Gerät zu reparieren. Stattdessen empfahl er den Kauf eines Neugeräts. Hilfe fanden wir erst bei einer kleinen freien Werkstatt. Sie ersetzte den defekten Motor für einen Bruchteil des Preises, den ein neuer Mixer gekostet hätte. Man sagte uns dort, der Mixer würde noch viele Jahre funktionieren. Ein neuer Mixer hätte wahrscheinlich nur gerade eben die Garantiezeit überstanden.

So ähnlich erging es uns auch mit einem Rasentrimmer. Wenige Monate nach Ablauf der Gewährleistungsfrist ging er kaputt. Man hätte das Gerät zwar einschicken können, aber das hätte einen ziemlichen Aufwand bedeutet, und der Kostenvoranschlag wäre im Prinzip genauso teuer gewesen wie ein neues Gerät. Inzwischen haben wir davon schon drei Stück, allerdings sind alle defekt. Normale Werkstätten ließen ohnehin die Finger davon. Wahrscheinlich wussten sie, dass die Geräte so gebaut sind, dass man sie zwar auseinandernehmen, aber nicht mehr zusammensetzen kann.

Warum das Geld immer knapper wird – die häufigsten Geldfehler im Alltag

Welche Rolle spielt Geld in unserem Leben und wie beeinflusst es uns? Und warum läuft im Alltag rund um das Geld so vieles schief? Warum kaufen wir so häufig das Falsche und warum zahlen wir oftmals zu viel? Wir zeigen an praktischen Beispielen, welche Geldfehler wir als Konsumenten immer wieder machen und warum dies geschieht. Eine Betrachtung der verschiedenen Geldtypen soll helfen, unseren Geldfehlern auf die Schliche zu kommen.

Warum Geld unser Leben bestimmt

Warum nimmt Geld in unseren Köpfen eigentlich eine so besondere Stellung ein? Geld ist in der Entwicklungsgeschichte des Menschen etwas so Neues, dass wir damit nicht automatisch richtig umgehen können, sondern den Umgang mit ihm erst mühselig lernen müssen. Wenn man einem kleinen Kind einen Hammer gibt, weiß es sehr schnell, wie man ihn anfasst und was man damit machen kann: nämlich irgendwo draufschlagen. Mit Geld könnte dieses Kind aber noch nicht umgehen.

Geld begegnet uns überall und in unterschiedlichen Formen

Aus ökonomischer Sicht ist Geld nichts Besonderes. Es ist ein Zahlungsmittel, genauer gesagt ein Zwischentauschmittel, das es uns ermöglicht, Waren und Dienstleistungen zu erbringen oder zu erwerben, ohne direkte Tauschgeschäfte tätigen zu müssen. Mit Geld einzukaufen ist wesentlich einfacher, als Waren zu tauschen und erst nach vielen Zwischenstationen zum eigentlichen Ziel zu kommen.

Eine nur am Bedarf oder an Wünschen orientierte Tauschwirtschaft ohne Geld würde heute nicht mehr funktionieren. Dafür ist unsere Gesellschaft mit ihrer Arbeitsteilung zu komplex. Dabei muss das Geld nicht unbedingt aus Scheinen und Münzen bestehen, wie die Zigarettenwährung der Nachkriegszeit gezeigt hat. Und im bargeldlosen Zahlungsverkehr existiert es ohnehin nur als Ziffernfolge im Computer. Selbst Payback-Sammelpunkte, Webmiles oder sonstige Wertsymbole, auf die wir uns geeinigt haben, sind eine Art Geld.

Geld ist außerdem noch eine Recheneinheit und ein allgemein verbindlicher Wertmaßstab. Allerdings hat es einen nominalen und einen realen Wert, was wir oftmals nicht berücksichtigen. Ökonomisch gesehen ist Geld auch eine Art Speicher. Wir können es sparen und einen Vorrat an Kaufkraft anlegen. Dabei müssen wir nur aufpassen, dass die Inflation die Kaufkraft nicht auffrisst.

Geld ist besser als Sex

Geld ist besser als Sex, das stellte schon der Hirnforscher Brian Knutson fest. Er zeigte seinen Probanden in einem funktionellen Magnetresonanztomografen Bilder von Sexszenen und Dollarnoten, wobei er die Aktivitäten des Belohnungssystems beobachtete. Die stärksten Reaktionen zeigten sich, wenn die Testpersonen das Bargeld sahen.

Bei Geld setzt der Verstand aus

Wenn es um Geld geht, übernehmen nicht die für das rationale Denken zuständigen Hirnregionen die Führung, sondern der alte archaische Bereich, der für Emotionen und Triebbefriedigung zuständig ist. »Offenbar assoziieren wir Geld so sehr mit Bedürfnisbefriedigung, dass beides quasi identisch ist«, sagt Professor Armin Falk von der Universität Bonn. In seinem Neuroeconomics Laboratory konnte er nachweisen, dass ein höherer Nominalwert das Belohnungssystem stärker aktiviert und dem Gehirn mehr

Befriedigung verschafft als ein niedriger, auch wenn die reale Kaufkraft sich nicht verändert.

Den Versuchspersonen wurde ein bestimmter Geldbetrag angeboten, mit dem sie ihren wöchentlichen Lebensbedarf bestreiten sollten. Sie sollten entscheiden, ob sie diesen Betrag haben wollten oder einen doppelt so hohen, wobei sich allerdings dann auch alle Preise verdoppeln würden. Das heißt, die reale Kaufkraft blieb absolut gleich. Trotzdem entschied sich die Mehrheit der Probanden für den höheren Nominalbetrag, der offensichtlich ein besseres Gefühl und mehr Befriedigung erzeugte.

Das Gehirn erliegt der Geldillusion

Unser Belohnungssystem kann einfach nicht mit Geld umgehen. Es schätzt den nominalen Wert höher ein als den realen, es erliegt also der Geldillusion. Von Geldillusion sprechen die Wirtschaftswissenschaften im Allgemeinen, wenn die Inflation nicht wahrgenommen wird. Das heißt, wenn Menschen annehmen, ihr Geld habe auf Dauer den gleichen Wert.

Dieser Effekt tritt besonders häufig im Bereich von Finanzprodukten auf. Wenn der Kunde eine Lebensversicherung abschließt, freut sich sein Gehirn über die hohe Versicherungssumme und er überlegt nicht, welche Kaufkraft dieser Betrag in 30 Jahren haben wird. Genauso ist es bei allen anderen Anlageprodukten, ob kurzfristig oder für die Altersvorsorge gedacht. Auch Immobilienbesitzer erliegen der Geldillusion, wenn sie davon ausgehen, dass der Wert ihrer Immobilie beständig steigen wird.

Nicht nur bei der Geldanlage kommt die Geldillusion zum Tragen, sondern auch bei der Kreditaufnahme. Wer kennt sich wirklich aus mit dem Unterschied zwischen dem effektiven und dem nominalen Zinssatz? Der Nominalzinssatz wird auf der Basis des nominalen Kreditbetrags errechnet und gibt allein die Zinskosten an. Der Effektivzins dagegen bezieht außerdem die Nebenkosten für den Kredit, also die Darlehensgebühren und die Bearbeitungsgebühren, sowie Art und Zeitpunkt der Tilgung, tilgungsfreie Anlaufjahre und die Höhe des Auszahlungsbetrags mit ein. Wer verschiedene Kreditangebote vergleichen will, muss also den jeweiligen Effektivzins betrachten.

Unser Belohnungssystem kennt den Unterschied zwischen Nominalzinssatz und Effektivzinssatz nicht. Außerdem ist das Belohnungssystem nicht dafür gemacht, konkret zu rechnen, sondern eher mehr oder weniger unscharfe Wertschätzungen vorzunehmen. Preise werden deshalb gefühlt und nicht gerechnet.

Auch wer viel Geld hat, ist nicht automatisch glücklich

Daniel Kahneman hat in seinem neuen Buch *Schnelles Denken, langsames Denken* auch auf den Zusammenhang von Geld und Glück hingewiesen. In den USA hat die Höhe des Gehalts zumindest ab einer gewissen Schwelle keinerlei

Einfluss mehr auf das erlebte Glück. Diese Schwelle liegt in wohlhabenden Gegenden bei einem Haushaltseinkommen von etwa 75.000 Dollar. In anderen Ländern wird diese Schwelle abhängig vom allgemeinen Lebensstandard meist niedriger und nur selten höher liegen.

Wessen Einkommen oberhalb des Schwellenwerts liegt, wird nicht noch glücklicher werden. Zwar wächst die Zahlungsbereitschaft mit der Höhe des frei verfügbaren Einkommens, das Geld sitzt also lockerer, aber der Kauf von teuren Dingen zu hohen Preisen dient eher der Selbstbestätigung und macht nicht zufriedener. Wirklich teure Dinge können also gar nicht teuer genug sein, solange es Menschen gibt, die über die Mittel verfügen, sie zu bezahlen. Wahrscheinlich verschieben sich bei diesen reichen Leuten, HNWIs (High Net Worth Individuals) genannt, ganz einfach die Ankerpreise.

Zu den HNWIs werden all die Menschen gezählt, die mindestens eine Million US-Dollar zur freien Verfügung haben. Weltweit gab es im Jahr 2010 10,9 Millionen HNWIs mit einem Gesamtvermögen von 42,7 Billionen US-Dollar, heißt es im World Wealth Report 2011 von Merrill Lynch Global Wealth Management und Capgemini. Gemessen an der Zahl der HNWIs steht Deutschland mit rund 924.000 weltweit an dritter Stelle nach den USA mit 3,1 Millionen und Japan mit 1,7 Millionen.

Bei einem Normalverdiener gilt ein Auto, das so viel kostet wie ein Einfamilienhaus, als zu teuer. Bei Menschen, die über viel Geld verfügen, hat sich die Wahrnehmung der Preise einfach nur verschoben, weil die Referenzpreise andere sind.

Eine Jacht in St. Tropez und ein Penthouse in New York lassen den Maybach in der Garage am Starnberger See einfach nicht mehr so teuer aussehen. Die Mechanismen in den Köpfen der Reichen sind also nicht anders als in den Köpfen der Normalbürger, nur ist das Bankkonto besser gefüllt.

Geld macht unsozial – wie Geldsymbole die Menschen beeinflussen

Viele unserer Entscheidungen und unser Verhalten werden durch vorhergehende Gedankengänge oder Wahrnehmungen, die nichts mit dem eigentlichen Thema zu tun haben, unbewusst beeinflusst. Dieses sogenannte Priming kann ganz bewusst eingesetzt werden, um Menschen in ihrem Kaufverhalten zu lenken. Meist sind es Zahlen, die uns primen, aber es geht auch anders: Die Firma Carglass zum Beispiel nutzt das in ihren Werbespots. Zunächst erhält man die im Prinzip nützliche Empfehlung, dass man nach einem Steinschlag an der Windschutzscheibe die Heizung ausstellen sollte, weil die Scheibe reißen könnte, wenn sie warm wird. Ohne Heizung wird das Autofahren im Winter unkomfortabel. Carglass verspricht nun, dass man nach einer Reparatur die Heizung wieder anstellen darf. Dies ist ein besonders überzeugendes Argument. Kälte stört mehr als ein kleiner Steinschlagriss, in unserer Wahrnehmung wird so das eigentliche Problem vergrößert. Spätestens wenn die Beifahrerin über die Kälte im Auto klagt, wird der Autobesitzer zu Carglass fahren.

Neben diesem aktiven Priming gibt es auch das passive Priming durch besondere Umstände, wie das Wetter und verschiedene Zufälle. So kann schlechtes Wetter, ein verpasster Bus oder ein Fleck vom Frühstückskaffee auf der weißen Bluse den ganzen Tag über unsere Entscheidungen und unser Verhalten beeinflussen.

Bei der Erforschung dessen, wie sich Menschen beeinflussen lassen, hat man auch die Wirkung von Geld auf das Verhalten untersucht. Die Haupterkenntnis war, dass Geldsignale egoistisches und egozentrisches Verhalten fördern. Studenten, die eine Weile auf ein Bild mit Münzen verschiedener Währung geblickt hatten, brauchten im anschließenden Versuch bis zu 70 Prozent länger, um bei der Lösung eines komplizierten Problems um Hilfe zu bitten, und wendeten nur halb so viel Zeit auf, anderen zu helfen, wenn diese sie um Hilfe baten.

Wer sich intensiv mit Geld und Geldsymbolen befasst hatte, zog es danach sowohl vor, allein zu arbeiten, als auch seine Freizeit ohne andere Menschen zu verbringen. In einem Dialogexperiment rückten diese Testpersonen auch deutlich weiter von ihren Gesprächspartnern ab als diejenigen, die sich gedanklich nicht auf Geld fixiert hatten. Man konnte also mit einem Zentimetermaß die Wirkung des Geldes auf die Distanz zwischen den Menschen messen.

Geld schafft nicht nur eine Distanz zwischen den Menschen, es fördert auch den Wunsch nach Unabhängigkeit. Man möchte nicht von anderen abhängen, aber auch nicht, dass andere von einem selbst abhängig sind.

Es gibt auch eine soziale Währung

Die Erfahrung lehrt uns, dass man mit Geld vieles, aber längst nicht alles bezahlen kann. Es gibt neben der ökonomischen auch noch so etwas wie eine soziale Währung. Die meisten Menschen sind durchaus bereit, anderen zu helfen, ohne dafür eine finanzielle Gegenleistung zu erwarten. Sie akzeptieren Dankbarkeit, auch wenn diese mit einem Geschenk verbunden ist. Aber alles, wofür ein Preis vereinbart wurde, wird nach ökonomischen Regeln abgewickelt und nicht mehr nach sozialen.

In einem Experiment von Dan Ariely stand ein junger Mann neben seinem Lieferwagen vor einem Hauseingang. Er bat verschiedene Passanten, ihm dabei zu helfen, ein unhandliches Möbelstück im Treppenhaus nach oben zu tragen. Die meisten waren bereit, ihm zu helfen. Ebenso war es auch, wenn es um ein zweites Möbelstück ging. Wenn er ihnen einen Schokoriegel nach dem Tragen des ersten Möbelstücks als kleines Zeichen der Dankbarkeit anbot, nahmen sie diesen auch gern an. Wenn der junge Mann aber von vornherein eine Geldsumme für das Tragen des Tisches anbot, lehnten die meisten Passanten ab.

Ganz offensichtlich ist es so, dass Geld und seine Symbole das Gehirn beim Treffen von Entscheidungen vom sozialen System – mit seinen Eckpunkten Hilfsbereitschaft, Einfühlungsvermögen und Fairness – auf das Marktsystem – mit den Eckpunkten Egoismus, Vorteilsnahme und soziale Kälte – umschalten lassen. Und in der Regel ist ein Wechsel zurück ins soziale System nicht mehr möglich. Geld und seine Symbole machen uns zu Ebenbildern des Ebenezer Scrooge, den Charles Dickens in seiner Weihnachtsgeschichte so treffend beschrieben hat und den die Geister von drei Weihnachtsfesten einer harten Gehirnwäsche unterziehen mussten, um aus ihm wieder einen anständigen Menschen zu machen.

Geld als Erfolgs- und Statussymbol

Geld hat neben den ökonomischen Funktionen auch verschiedene symbolische Bedeutungen. Für manche Menschen ist es der alleinige Erfolgsmaßstab. Viel Geld zu verdienen und mehr zu besitzen, als sie selbst für den aufwendigsten Lebensstil benötigen würden, ist für sie zum Selbstzweck geworden.

Dabei spielt es eigentlich keine Rolle, wie viel Geld sie haben, sondern nur, dass sie mehr haben als die Menschen, mit denen sie sich vergleichen. Damit unterscheiden sie sich nicht von den meisten Normalbürgern. Sobald das, was wir für unsere Grundbedürfnisse halten, gedeckt ist, beginnt der Vergleich mit Nachbarn, Verwandten und Arbeitskollegen. Verschiedene Studien haben gezeigt, dass die meisten Menschen es vorziehen würden, wenn sie 100.000 Euro besitzen würden und alle anderen nur 50.000, als wenn sie 200.000 Euro hätten und alle anderen 300.000.

Da wir unsere Mitmenschen aber nicht einfach mit Kontoauszügen beeindrucken können, müssen wir das Geld wieder in andere, oft archaisch anmutende Statussymbole umwandeln. Die Urmenschen besaßen Steinäxte, die so groß waren, dass man sie zu nichts mehr gebrauchen konnte, außer sie als Statussymbol mit sich herumzuschleppen.

Für die meisten Deutschen ist Geld an sich kein Statussymbol, sondern eher Mittel zum Zweck. Es ist mit der Lust verbunden, sich all das kaufen zu können, was man sich wünscht. Es dient dazu, sich Statussymbole leisten zu können, wie zum Beispiel ein teures Auto oder ein luxuriöses Haus. Nur für den Geizigen ist der Besitz von Geld ein Wert an sich und nicht mehr Mittel zum Zweck. Geiz ist eine übertriebene oder sogar zwanghafte Sparsamkeit, die sich einerseits darin äußert, nicht mit anderen Menschen teilen zu wollen, andererseits aber auch in einer Abneigung gegen das Geldausgeben.

Während Sparen in unserer Gesellschaft als bürgerliche Tugend gilt, gehörte und gehört auch heute noch die demonstrative Verschwendung zu den Tugenden der Oberschicht. Thorstein Veblen, der 1899 das Buch *Theorie der feinen Leute* veröffentlicht hat, ist der Ansicht, dass das Verlangen nach Prestige das eigentliche Prinzip ist, das Menschen zum Handeln antreibt.

Dieses Prestige kann man laut Veblen einerseits durch demonstrativen Müßiggang und andererseits durch demonstrativen Konsum erreichen. Mit demonstrativem Müßiggang meint er nicht die Tatsache, dass man gar nichts tut, sondern dass man etwas tut, was nicht produktiv ist und trotzdem Geld kostet. Heute könnte man zum Beispiel bestimmte Sportarten wie Polospielen und Hochseesegeln dazu zählen. Demonstrativer Konsum zeigt sich heutzutage vor allem in überdimensionierten, luxuriösen Häusern, teuren Sportwagen und einer Vielzahl von teuren Markenprodukten, wie zum Beispiel Kleidung, Uhren und Schmuck. All dies darf nicht nur viel Geld kosten, sondern muss es auch, um seinen Zweck zu erfüllen.

Dabei spielt es keine Rolle, wie der hohe Preis gerechtfertigt wird. Viele Dinge sind nur einfach teuer, weil sie teuer sein müssen, um sich zu verkaufen. In Manhattan können Sie sich einen Hamburger aus dem Fleisch vom Kobe-Rind mit Trüffeln für 150 Dollar kaufen. Macht er Sie satter als einer für zwei Dollar? Nein, aber vielleicht zufriedener. Zumindest so lange, bis Sie erfahren, dass es in einem anderen Restaurant diesen Burger mit Trüffeln und Goldflocken für 175 Dollar gibt und Ihr Kollege ihn sich gerade in der Mittagspause geleistet hat. Warren Buffett, einer der reichsten Männer der Welt, ist wahrscheinlich auch deshalb so reich, weil er sich nie um teure Statussymbole gekümmert hat.

Das Falsche kaufen: Zukunftserwartungen bestimmen die Gegenwart

Warum machen wir immer wieder die Erfahrung, das Falsche gekauft zu haben? Es müssen ja nicht immer Spielzeuge für 5000 Euro sein, wie bei Toni in der folgenden Geschichte. Oft reicht schon eine Tiefkühlpizza für drei Euro, um anschließend von Geschmack und Aussehen enttäuscht zu sein.

Der Hauptgrund liegt darin, dass es eine der wesentlichen Funktionen des Gehirns ist, Vorhersagen über das zu treffen, was passieren wird, und das, was wir erleben und empfinden werden. Ohne diese Fähigkeit könnten wir uns nicht einmal entscheiden, ob wir eine Tasse Kaffee oder eine Tasse Tee trinken wollen. All diese Vorhersagen laufen wie auch die meisten Entscheidungen vollkommen unbewusst ab.

Wenn Männer von Spielzeugen träumen

Toni träumte davon, ein Quad zu fahren. Er sah sich im Sonnenschein über die Wiesen und durch die Wälder brausen, der Wind spielte in seinen Haaren und er genoss seine Freiheit abseits des Alltags. Quads oder auch ATVs (All Terrain Vehicles) sind vierrädrige Fahrzeuge, auf denen man wie auf einem Motorrad sitzt, die auch einen Motorradlenker haben und die, wenn alle vier Räder angetrieben werden, geländegängig sind und dort eingesetzt werden, wo schwere Geländewagen nicht mehr durchkommen. Man kann Quads mit Pkw-Führerschein und einer Straßenzulassung auch im ganz normalen Verkehr fahren. Manche sagen, dass sie dann die Nachteile eines Motorrads mit denen eines Geländewagens vereinen. Eingefleischte Fans sehen das natürlich anders.

Irgendwann war es Toni klar, dass er sich so ein Quad nicht nur wünschte, sondern es ganz dringend brauchte, auch wenn seine Frau dagegen war, weil sie schon zwei Autos hatten: einen Van für die Urlaubsreisen und einen kleinen Kombi für den alltäglichen Bedarf. Ein Quad war aus der Sicht seiner Frau nur ein familienfeindliches Spielzeug für groß gewordene Jungs. Sie würde nie auf ein solches Ding steigen, um mitzufahren. Aber Tonis Töchter fanden es cool.

Gute Gründe finden sich immer

Toni wusste genau: Wenn er sich nicht in diesem Sommer ein Quad kaufen würde, wäre er für immer todunglücklich. Und das Gerät, das er sich ausgeguckt hatte, kostete ja auch nicht mehr als anderthalb Nettomonatslöhne. Schließlich würde er es sich auch nicht nur zum Spaß kaufen. Mit einem großen Gepäckträger könnte er Einkaufen fahren und mit einem Anhänger seine Gartenabfälle zur Sammelstelle fahren. Das ginge natürlich auch mit seinem Kombi, der im Übrigen eine Anhängerkupplung hat, aber Kombi fahren macht eben eindeutig weniger Spaß.

Da Toni seine Entscheidung längst getroffen hatte, bevor er das Fahrzeug kaufte, begann er also nach Erklärungen zu suchen, weshalb diese nicht ganz billige Anschaffung gut, richtig und irgendwie auch vernünftig wäre. Rationalisieren nennt man diesen Vorgang. Niemand möchte sich wie ein Depp fühlen, der nur von seinen Gefühlen getrieben Entscheidungen trifft. Deshalb sind wir alle ständig dabei, nachträglich für uns selbst und für andere gute Gründe dafür zu suchen, weshalb wir etwas getan, gekauft oder entschieden haben.

Also ging Toni zu einem Gartengerätehändler, der neben Rasenmähern und Kettensägen auch Quads im Angebot hatte. Dieser Händler war durch und durch Techniker. Er zeigte Toni seine Quads und erläuterte ihm die Haltbarkeit, Wartungsfreundlichkeit und die Ersatzteilsituation. So richtig überzeugen konnte er Toni nicht. Die Entscheidung für ein Quad wird wohl nur in den seltensten Fällen von der Vernunft getroffen, vielleicht wenn man Strandvogt oder Bergbauer ist, aber nicht, wenn man in einer Kleinstadt wohnt. Deshalb sind auch Argumente, die für einen Rasenmäher oder einen Holzspalter sprechen, beim Verkauf eines Quads eher kontraproduktiv. Das war nicht das, was Toni wollte. Deshalb ging er zu einem Motorradhändler, der ebenfalls Quads anbot.

Hier war die Verkaufssituation eine ganz andere. Der Händler sprach von Styling und Power. Er malte Toni aus, wie er damit die steilsten Hügel erklimmen könnte, im Matsch und Schlamm die teuersten Geländewagen hinter sich lassen und durch die Dünen bis ans Meer brausen würde, während andere mühsam ihre Badetaschen durch den Sand schleppten. Toni wohnte zwar mitten in Deutschland, und die nächste Küste war mindestens 500 Kilometer entfernt, aber diese Argumente überzeugten ihn.

Schließlich hatte der Händler noch ein zusätzliches Knallerargument bereit. An dieses Quad könnte man sogar ein Schneeräumschild anbauen und bräuchte im Winter nie wieder einen Schneeschieber, um den Weg von der Garage bis zur Straße freizuschaufeln. Die fünf Meter machte so ein Quad spielend leicht. Damit würde Toni auch seine

Frau überzeugen, versprach der Händler. Und dann kam von ihm die alles entscheidende Frage: »Hat denn einer Ihrer Nachbarn schon ein Quad?« – »Nein, keiner.« Toni wäre der Erste. Na also. Das Quad würde nicht nur Spaß machen, sondern auch sein Prestige heben, zumindest in seiner Selbstwahrnehmung. Also kaufte er das Fahrzeug, und als er damit zu Hause vorfuhr, verschwand seine Frau Anita demonstrativ in der Küche.

Anita war der Meinung, dass er einen Teil ihrer Ersparnisse ganz eindeutig für etwas Unnützes und Überflüssiges ausgegeben hatte. Aber so sind nun mal die Männer, sagte sie sich, ein Spielzeug, mit dem sie angeben können, ist ihnen immer wichtiger als etwas wirklich Solides. Und um Toni zu zeigen, was sie unter Spaß verstand, buchte sie für die Herbstferien eine Urlaubsreise für sich und ihre beiden Töchter – ohne Toni.

Toni suchte jetzt nach weiteren Argumenten, um seinen Kauf nachträglich doch noch als vernünftig zu rechtfertigen. Was hatte der Händler gesagt? Eine halbe Stunde Quadfahren ist genauso gesund wie zwei Stunden im Fitnessstudio. Und das stimmte ja irgendwie auch – oder doch nicht? Das Ding war knochenhart, und Toni spürte seine Bandscheiben ziemlich heftig, als er einmal 20 Kilometer mit dem Quad quer durchs Land gefahren war. Irgendwie fühlte er sich nach einer längeren Quad-Tour ziemlich alt und keineswegs fitter, obgleich er doch erst Ende 40 war.

Auch die Gartenarbeit wurde nicht wirklich leichter, wenn er mit Quad und Anhänger den Heckenschnitt ein paar Hundert Meter in den Wald fuhr. Aber zugeben mochte Toni nicht, dass der Spaß am Quadfahren bereits nach vier Wochen deutlich nachließ, besonders nachdem er öfter von Regenschauern bis auf die Knochen durchnässt worden war. Dass der Spaß nachließ, lag auch daran, dass der Hauch des Neuen verschwunden war und Toni sich daran gewöhnt hatte, ein Quad zu besitzen. Auch für seine Nachbarn war der mit tollem Sound vorbeibrausende Toni kein Hingucker mehr.

Nun hätte er das Quad ja wieder verkaufen können, wenn auch mit Verlust. Aber das tat er nicht, sondern mottete es bereits im September für den nächsten Sommer ein. Von Schneeschieben war keine Rede mehr. Zwei Dinge hielten ihn vom Verkauf ab: Er hätte sich eingestehen müssen, eine falsche Entscheidung getroffen zu haben, und er hätte einen Verlust hinnehmen müssen. Beide, die Aversion gegen Verlust und das Prinzip des Rechthabens, gehören zu den Grundfunktionen unseres Gehirns, und es braucht viel Kraft, diese Hürden zu überwinden.

Wenn Zukunftserwartungen sich als falsch herausstellen

Vor einigen Jahren hat ein Outdoor-Laden in unserer Nähe seinen Geschäftsbetrieb aufgegeben und einen großen Räumungsverkauf mit hohen Rabatten veranstaltet. Da mussten wir natürlich hinfahren. Irgendetwas konnte man sicher gebrauchen. Die Outdoor-Bekleidung war aber nicht in unseren Größen vorhanden, nur eine warme Mütze fanden wir und kauften sie für den Fall, dass der nächste Winter hart werden würde. Dann war da noch ein Messer, das man sicher in den Urlaub mitnehmen könnte. Beim Campingzubehör fanden wir nichts, was uns interessierte, aber dann sahen wir uns noch die große Auswahl von Zelten im Außengelände an und waren begeistert von den hohen Preisnachlässen.

Wir hatten schon viele Campingurlaube gemacht, und wir besaßen auch ein Zelt, das eigentlich nicht schlecht war. Doch war das nicht eigentlich zu klein und sollten wir uns nicht ein größeres kaufen, wenn es gerade so billig war? Es kostete nur 1000 statt 1500 DM. Wir konnten der Versuchung nicht widerstehen und kauften ein größeres Zelt einer bekannten Marke.

Was ist daraus geworden? Einmal haben wir das neue Zelt in unserem Garten aufgeschlagen und dann nie mehr. Es liegt jetzt schon jahrelang gut verpackt in unserer Garage. Denn wir haben seitdem keinen Campingurlaub mehr gemacht. Der Hauptgrund für unseren Fehlkauf lag eindeutig in unseren falschen Erwartungen an die Zukunft. Hinzu kam die Tatsache, dass wir uns von dem hohen Preisnachlass haben locken lassen.

Ähnlich ist es uns auch ergangen, als wir einen Gartenpavillon aus einem Sonderangebot gekauft haben. Die Nachbarn benutzen solche Pavillons im Sommer als Partyzelt, das könnten wir doch auch tun. Außerdem wollten wir doch schon immer viele unserer überflüssigen Habseligkeiten, Gegenstände aus den Haushaltsauflösungen unserer Eltern und auch einen Teil unserer Bücher, auf dem Flohmarkt verkaufen. Da könnten wir dann den Pavillon als Regenschutz verwenden. Sie ahnen es schon. Noch heute liegt das Paket ungeöffnet in der Scheune, wir haben den Pavillon weder als Partyzelt genutzt noch sind wir mit unseren überflüssigen Sachen auf einen Flohmarkt gegangen.

Wenn Gesundheit über alles geht

Wir lesen es immer wieder und überall: Wenn wir gesund bleiben wollen, müssen wir uns gesund ernähren und uns viel bewegen. Doch daran hapert es oft. Entweder haben wir keine Zeit, Sport zu treiben, oder es fehlen die Lust und nötige Disziplin. Die fehlende Zeit dient meistens nur als Entschuldigung.

Wenn wir unseren inneren Schweinehund nicht besiegen und uns nicht aufraffen können, regelmäßig Sport zu treiben, greifen wir oftmals zu einer Minimallösung, nach dem Motto »Besser als gar nichts«. Wir kaufen dann ein Trimm-dich-Fahrrad oder andere Trainingsgeräte, mit denen man sich bequem im Schlafzimmer oder auch im Wohnzimmer die notwendige Bewegung verschaffen kann. Sie haben nicht nur den Vorteil, dass man das Haus nicht verlassen muss, sondern man kann während des Radfahrens auch Musik hören, Fernsehen oder sogar Lesen.

Auch mir (Ruth Schwarz) ist es so ergangen. Ich gebe es zu, ich habe mir ein Heimfahrrad gekauft. Am Anfang klappte es ganz gut, und ich habe jeden Tag eine halbe Stunde auf dem Gerät gesessen und fleißig in die Pedale getreten. Doch schon nach wenigen Wochen begann die Lust daran zu schwinden. Zunächst kam ich auf die Idee, das Fahrrad nur noch an Werktagen zu benutzen, danach radelte ich nur noch höchst selten und schließlich gar nicht mehr. Mein Mann hatte auch kein Interesse an dem Gerät, ganz einfach deshalb, weil er ein Fahrrad, das sich nicht fortbewegt, grundsätzlich ablehnt. Gleichzeitig begann das Fahrrad immer mehr zu stören, und so wanderte es vom Wohnzimmer ins Schlafzimmer und dann von dort in den Flur. Die Endstation wird der Sperrmüll sein, aber noch ist es nicht so weit.

So wie mir ergeht es vielen Menschen, sie machen sich einfach Illusionen über das, was in Zukunft sein wird und was sie dann tun werden, und geben deshalb viel Geld für die verschiedensten Fitnessgeräte aus. Andere entschließen sich, in ein Fitnessstudio zu gehen, doch auch daran vergeht ihnen früher oder später die Lust. Dies wissen auch die Studiobetreiber, nicht ohne Grund muss man von vornherein Halbjahres- oder Jahresverträge abschließen. Ob man dann das Fitnessstudio nutzt, nur weil man ohnehin dafür bezahlen muss, ist höchst fraglich.

Gesundheitsversprechen muss man teuer bezahlen

Eine ganze Reihe von Unternehmen bietet uns Produkte, die uns versprechen, unserer Gesundheit dienlich zu sein. Dazu gehören spezielle Nahrungsergänzungsmittel, angeblich gesundheitsfördernde Lebensmittel wie probiotische Joghurts, cholesterinsenkende Margarinen oder Produkte mit Biosiegeln. Wegen dieses Versprechens sind wir auch bereit, die Pillen zu kaufen und für diese Nahrungsmittel mehr auszugeben als für normale Lebensmittel. Ob die versprochene Wirkung eintritt, können wir zwar nicht feststellen, aber es könnte ja sein, also kaufen wir weiter diese Produkte und damit ein gutes Gewissen.

Aus denselben Gründen nehmen wir auch gern die individuellen Gesundheitsleistungen, kurz IGeL, an, die uns unsere Hausärzte seit 1998 anbieten oder empfehlen dürfen. Diese Leistungen zahlen die gesetzlichen Krankenversicherungen nicht, weil sie über das vom Gesetzgeber definierte Maß »einer ausreichenden, zweckmäßigen und wirtschaftlichen Patientenversorgung« hinausgehen und ihr Nutzen zum Großteil nicht durch wissenschaftliche Studien belegt ist. Der Patient muss für IGeL selbst zahlen. Schätzungen gehen davon aus, dass die Gesamtsumme der Ausgaben in diesem Bereich über eine Milliarde Euro jährlich, vielleicht auch 1,5 Milliarden, beträgt.

Der Nutzen ist höchst umstritten. Viele Experten sind der Ansicht, dass es sich dabei nicht um sinnvolle Leistungen für den Patienten handelt, sondern nur um eine zusätzliche Verdienstmöglichkeit für niedergelassene Ärzte und um ein Geschäft mit der Angst, vor allem im Bereich Vorsorge und Früherkennung. Am häufigsten in Anspruch genommene IGeL sind zusätzliche Ultraschalluntersuchungen beim Frauenarzt und zusätzliche Krebsvorsorgeuntersuchungen. Augenärzte verkaufen ihren Patienten gern Augeninnendruckmessungen.

Als Freunde von uns in den Ruhestand gegangen sind, begannen sie damit, eine lange Liste von IGeL abzuarbeiten. Sie fühlten sich ganz gesund, waren aber verunsichert, ob sie ihrer körperlichen Selbstwahrnehmung mehr trauen durften als kostspieligen Untersuchungen.

Wie das Geld von selbst verschwindet – versteckte Preiserhöhungen

»Ich habe überhaupt nichts Ungewöhnliches gekauft, trotzdem ist mein Geld schon wieder weg. Woran liegt das bloß?« Sicher haben Sie solche und ähnliche Sätze schon von Freunden oder Verwandten gehört. Vielleicht haben Sie nach einem ganz normalen Einkauf gerade selbst diese Erfahrung gemacht. Der Grund dafür sind unter anderem die vielen Preiserhöhungen, die wir gar nicht bemerken. Denn für deren problemlose Durchsetzung wendet die Wirtschaft die Gesetzmäßigkeiten der Psychophysik an.

Der Begriff »Psychophysik« hört sich nicht nur altmodisch an, er ist es auch. Mitte des 19. Jahrhunderts begannen die ersten Psychologen die Wechselbeziehungen zwischen den messbaren physikalischen Reizen und dem subjektiven Erleben eines Menschen zu erforschen. Wann wird ein Reiz überhaupt wahrgenommen und wann werden zwei Reize als unterschiedlich empfunden?

Um diese Fragen in die Praxis zu übersetzen, stellen Sie sich bitte vor, dass Sie ein Kaffeepad in der Hand halten. Wie viel Gramm wiegt wohl der enthaltene Kaffee?

Nehmen wir an: sieben Gramm. Und jetzt nehmen Sie ein Kaffeepad derselben Marke aus einer neueren Packung. Spüren Sie einen Unterschied? In dem neuen Pad sind nur noch 6,5 Gramm Kaffee. Da der Preis gleich geblieben ist, ist das Pad mit der 0,5 Gramm kleineren Füllung aber 7,7 Prozent teurer. Den Gewichtsunterschied können Sie wahrscheinlich nicht spüren, und er ist auch nicht zu schmecken. Für den Hersteller und den Handel rechnet er sich aber durchaus, allein durch die Masse der verkauften Pads. Dies ist kein fiktives Beispiel, sondern man findet es in den Informationen der Verbraucherzentrale Hamburg.

Viele Jahrzehnte lang galten die Erkenntnisse der Psychophysik als Grundweisheiten der Wahrnehmungspsychologie, die aber keinen praktischen Wert zu haben schienen. Bis die Wirtschaft sie wiederentdeckte und sie zu nutzen begann, um möglichst unbemerkt Preiserhöhungen durchführen zu können.

»Minischrumpf« nennt man das. Der Verbraucher kann zwar auf der Packung nachlesen, wie viel drin ist, aber er sieht es nicht und fühlt es auch nicht. Die meisten Konsumenten orientieren sich hauptsächlich am Preis, um Veränderungen zu erkennen. Dass dann in einer Flasche 1,314 Liter Waschmittel drin sind statt 1,46 Liter wie zuvor, liegt mit einer Differenz von 0,146 Litern, das sind zehn Prozent, unter der Wahrnehmungsschwelle.

Je größer der Ausgangsreiz, desto größer muss auch die Veränderung sein, damit man sie spürt. Machen Sie selbst den Test. Legen Sie fünf Blatt DIN-A4-Papier auf Ihre

Hand. Dann nehmen Sie eines weg. Spüren Sie den Unterschied? Nein? Er beträgt immerhin 20 Prozent.

Natürlich wählt die Industrie die Mengen für den »Minischrumpf« nicht willkürlich aus. Es wird sehr exakt getestet, was ein Verbraucher merken wird und was nicht. Wahrscheinlich würde ein Kunde auch einen größeren Gewichtsunterschied bei einem Kaffeepad nicht erspüren, aber vielleicht schmecken, wenn er nur noch blasse Plörre in der Tasse hat.

Das Gehirn liebt schnelle Belohnungen

Das Belohnungssystem liebt schnelle Belohnungen, auch wenn sie nur klein sind, während das Entscheidungssystem große Belohnungen mag, auch wenn sie erst zu einem späteren Zeitpunkt eintreten. Im Gehirn sind also eine zeitliche Präferenz und eine Größenpräferenz verankert, die immer wieder gegeneinander antreten. Diese Tatsache wurde in den unterschiedlichsten Experimenten und in den vielfältigsten Situationen nachgewiesen.

Ob man nun Studenten eine kostenlose Mahlzeit heute oder zwei kostenlose Mahlzeiten in einer Woche angeboten hat oder ob es darum ging, entweder Geld in die Altersversorgung zu stecken oder lieber jetzt in den Urlaub zu fahren, immer entschieden sich die Menschen, wenn sie die jeweilige Situation nur abstrakt und theoretisch betrachten sollten, für die langfristige Variante mit dem größeren Nutzen. Wenn man sie allerdings in die konkrete Entscheidungssituation stellte, wurde der schnellen Befriedigung überwiegend der Vorzug gegeben.

Bei einem Experiment konnten die Probanden zwischen einer kleinen und sofortigen Belohnung und einer späteren höheren Belohnung wählen. Fast alle entschieden sich für den Warengutschein in Höhe von fünf Dollar, der sofort eingelöst werden konnte, und nicht für den Gutschein über 40 Dollar, der erst nach sechs Wochen gültig war.

Auch wenn es darum ging, entweder einen Gewinn von 100 Dollar sofort ausbezahlt zu bekommen oder einen Gewinn von 200 Dollar in drei Jahren, wählten die meisten Testpersonen die kurzfristige Variante. Sollten die Probanden sich allerdings entscheiden, ob sie einen Gewinn von 100 Dollar in drei Jahren haben wollten oder 200 Dollar in sechs Jahren, dann wählten die meisten die langfristige Variante. Offensichtlich spielt die Differenz von drei Jahren keine Rolle mehr, wenn sie entsprechend weit in der Zukunft liegt. In diesem Fall spricht man von Hyperbolic Discounting, das heißt, Zeitunterschiede werden anders bewertet, wenn man sie in die Zukunft verschiebt.

Ein kurzfristig zu realisierender Gewinn aktiviert offensichtlich die Vorstellungen darüber, was man damit anfangen kann, so stark, dass die Attraktivität der kleinen Summe überproportional verstärkt wird. Je lebhafter diese Vorstellungen sind, desto aktiver ist das Belohnungssystem und kann sich entsprechend gegen das Entscheidungssystem durchsetzen.

Dies erklärt auch die Tatsache, dass so viele Menschen lieber Geld in den Konsum stecken als in ihre Altersvorsorge. Und es ist wohl auch der Grund dafür, dass ein sehr großer Teil aller Versicherungen nach einigen Jahren wieder gekündigt wird, bevor die Versicherungsleistungen fällig sind.

Für den Einkauf im Supermarkt heißt dies, dass kleine Gimmicks den Kauf besser fördern als zum Beispiel Rabattpunkte, die erst dann in einen Gutschein verwandelt werden können, wenn genügend Punkte gesammelt wurden. Dass viele Einzelhandelsunternehmen dennoch lieber Rabatt- oder Treuepunkte geben, hängt damit zusammen, dass es ihnen mehr um Kundenbindung geht als um den Verkauf einzelner Produkte.

Das »Kaufe jetzt und zahle später«-Prinzip

Experimente unter Einsatz der funktionellen Magnetresonanztomografie haben gezeigt, dass das Bezahlen mit Kreditkarte als weniger schmerzhaft empfunden wird als das mit Bargeld. Kunden, die mit Kreditkarte bezahlen, kaufen mehr und sie kaufen auch teurere Produkte. Warum ist das so?

So wie ein entfernt stehendes Haus kleiner und unbedeutender erscheint, ist es auch mit den Schmerzen, die durch das Geldausgeben entstehen. Muss ganz konkret Geld aus dem Portemonnaie genommen werden, um an der Kasse zu bezahlen, ist es schmerzhafter, als wenn man mit Kreditkarte bezahlt und der abgebuchte Betrag erst in ein paar

Tagen oder am Monatsende sichtbar wird. Die Zahlungsfrist lässt den Betrag als weniger bedeutend erscheinen.

Wenn man mit einer Kreditkarte bezahlt, kann man sich sofort Wünsche erfüllen, auch wenn man kein Geld zur Verfügung hat. Man braucht die Wunschbefriedigung also nicht aufzuschieben.

Aber auch wenn man über genügend Geld verfügt, wird die endgültige Bezahlung zeitlich und räumlich von der Wunscherfüllung getrennt.

Irgendwann tauchen dann auf dem Kontoauszug Zahlen auf, die ein kleines Minuszeichen tragen. Oft erfolgt die Tilgung der Kreditsumme sogar nur in kleinen Raten, lauten die mehr oder weniger ökonomischen Begründungen.

Wahrscheinlich geht es aber hauptsächlich darum, dass die Geldwahrnehmung bei der Kreditkartenzahlung überhaupt nicht stattfindet. Geldmünzen oder -scheine sind Realität und werden vom Gehirn auch als Geld erkannt, selbst wenn es sich um ausländische Währungen handelt, mit denen man im Urlaub bezahlt. Diese Geldwahrnehmung wird bei einem Kluburlaub oder in einem Ferienpark gern unterdrückt. Zum sofortigen Bezahlen gibt es dort bunte Perlen oder Chips, die so wenig wie möglich an Geld erinnern sollen.

Kreditkarten stimulieren den Kunden sogar dann zum Einkauf, wenn es sich gar nicht um »echte« Kreditkarten handelt, also kein Kredit eingeräumt wird. Diese »unechten« Kreditkarten funktionieren wie EC-Karten. Jeder Kauf wird sofort vom Konto abgebucht, wofür dann gern von den Banken großzügige Überziehungskredite eingeräumt werden, die allerdings für den Kunden ziemlich teuer sind. Doch auch das scheint viele nicht zu stören.

Wenn Zahlung und Nutzen zeitlich entkoppelt sind

Das Prinzip der Entkoppelung von Zahlung und dem daraus zu ziehenden Nutzen wirkt sich übrigens auch in umgekehrter Weise aus. Wer sich heute eine Eintrittskarte für ein Konzert kauft, das erst in einem halben Jahr stattfindet, wird vielleicht auf den Besuch des Open-Air-Konzerts verzichten, wenn zu dem Zeitpunkt ein Unwetter über die Stadt zieht. Jemand, der sich seine Karte gerade erst an der Abendkasse gekauft hat, als das Gewitter heraufzieht, wird dagegen nicht darauf verzichten, an der Veranstaltung teilzunehmen.

Wenn die generelle Zahlungsbereitschaft vorhanden ist und das Ereignis unmittelbar bevorsteht, ist beides kaum noch voneinander zu trennen. Liegt ein halbes Jahr dazwischen, spielt der schon bezahlte Eintrittspreis eine weitaus geringere Rolle, wenn es andere Gründe gibt, auf die Teilnahme an diesem Event zu verzichten.

Finanzprodukte: Vernebelte Geldgeschäfte

Die meisten Menschen haben nur wenig oder gar keine Ahnung von den verschiedenen Möglichkeiten der Geldanlage. Zu groß ist die Auswahl und es fehlen einfach Orientierungspunkte. So entscheidet man sich für die Produkte, die Leute aus dem Bekanntenkreis gekauft haben, oder man sucht nach Autoritätspersonen, denen man vertrauen kann, wie dem Kundenberater seines Geldinstituts. Doch dabei vergessen wir zu oft, dass dieser sich nur Berater nennt, in Wahrheit aber ein Verkäufer ist. Er geht ihm gar nicht um die für uns optimale Geldanlage, sondern er verkauft uns die Produkte, die ihm beziehungsweise seinem Geldinstitut die höchsten Provisionen oder Gewinne bringen.

Vor allem wenn wir etwas für unsere Altersvorsorge tun wollen, kommt unser gieriges Belohnungssystem ins Spiel. Wir achten bei der Auswahl der Vorsorgeprodukte allzu häufig auf staatliche Subventionen und Steuervorteile, ohne uns darüber klar zu werden, welche Ziele wir erreichen wollen und ob uns diese Produkte auch unseren Zielen näherbringen. Frei nach dem Motto »Riester-Produkte müssen gut sein, sonst würde man dafür ja keine staatlichen Zuschüsse erhalten«.

Warum wir zu viele unnütze Versicherungen abschließen

Es ist eine Tatsache, dass die Deutschen zu viele unnötige Versicherungsprodukte besitzen. Zum einen liegt das daran, dass unsere Berater uns weisgemacht haben, dass Versicherungen eine sinnvolle Kapitalanlage darstellen. Dies ist aber in der derzeitigen Niedrigzinsphase nur noch bedingt bei Kapitallebensversicherungen und bestimmten Formen der privaten Rentenversicherung der Fall.

Auf der anderen Seite ist der Grund dafür, dass wir zu viele und die falschen Versicherungen abschließen, dass wir ganz einfach die Wahrscheinlichkeit von Risiken und die Höhe der damit verbundenen Schäden subjektiv falsch einschätzen. Manche Ereignisse empfinden wir als bedrohlicher, als sie tatsächlich sind, andere als unwichtig oder unwahrscheinlich, oder wir können uns die Höhe des Schadens ganz einfach gar nicht vorstellen.

Es ist erschreckend, dass mehr Deutsche eine Hausratversicherung abgeschlossen haben als eine private Haftpflichtversicherung. Offensichtlich können sich viele Menschen gar nicht vorstellen, wie hoch ein Schaden sein kann, wenn sie zum Beispiel vergessen, die Herdplatte auszumachen. Ein Feuer entsteht, erst brennt die Wohnung und dann das ganze Haus. Jeder Mieter wird Entschädigung für seine verbrannten Habseligkeiten verlangen und natürlich auch der Hausbesitzer für den entstandenen Schaden. So können leicht Millionenbeträge zusammenkommen. Noch schlimmer ist es, wenn auch Personenschäden hinzukommen.

Jeder zweite Deutsche hat inzwischen eine Rechtsschutzversicherung, obwohl die meisten sie eigentlich gar nicht brauchen. Diese Versicherung sichert im Grunde das Risiko ab, einen Prozess zu verlieren und die Anwalts- und Gerichtskosten tragen zu müssen. Wie oft waren Sie schon in einen Prozess verwickelt und haben diesen verloren?

Viele Versicherungen werben mit Rundum-sorglos-Paketen, bei denen verschiedene Versicherungen gebündelt zu einem Preis angeboten werden. Doch diese Pakete bestehen sowohl aus nützlichen als auch aus unnützen Produkten. Da ist es besser, nur die sinnvollen Versicherungen abzuschließen. Versuchen Sie selbst herauszufinden, welche für Ihre Lebenssituation und Ihr Alter nützlich sind.

Wir zahlen auch zu viel für unsere Versicherungen, wenn wir nicht die gesamte Jahresprämie auf einmal zahlen. Die meisten Versicherungsgesellschaften verlangen Zuschläge von zwei Prozent für halbjährliche Zahlung, drei Prozent für vierteljährliche Zahlung und fünf Prozent für monatliche Zahlung. In den Angeboten wird dies aber gern verschwiegen.

Warum wir mit kleinen Scheinen leichter bezahlen als mit großen und andere Denkfehler

Wenn wir kleine Summen mit kleinen Scheinen oder gar mit Hartgeld bezahlen, haben wir ganz subjektiv den Eindruck, weniger Geld auszugeben, als wenn wir mit einem großen Schein bezahlen und dann Wechselgeld zurückerhalten. Wer mit Kleingeld zahlt oder eben mit kleinen Scheinen, gibt sein Geld leichter aus. Das hat sich auch in Experimenten bestätigt.

Die Verhaltensökonomen sprechen vom Denominationseffekt (Nennwerteffekt). Sie empfehlen Kaufhäusern oder Geschäften in Shopping-Centern, ihren Kunden möglichst viel Kleingeld als Wechselgeld zu geben. Denn dies würde an einer anderen Kasse oder in einem anderen Laden schneller wieder ausgegeben werden. Wenn jemand also einen Preis von 24,90 Euro mit einem 50-Euro-Schein bezahlt, sollte man ihm nicht eine 20-Euro-Note, eine 5-Euro-Note und zehn Cent zurückgeben, sondern besser vier 5-Euro-Scheine, fünf einzelne Eurostücke und zehn Cent. Noch besser ist es natürlich, wenn der Kunde mit EC-Karte oder Kreditkarte zahlt. Dann spürt er den Zahlungsschmerz noch weniger.

Für den Kunden bedeutet es umgekehrt, dass er sich zum Einkaufen möglichst große Scheine einstecken sollte, weil er dann automatisch stärker darüber nachdenkt, ob er sich von seinen großen Scheinen trennen will, und weniger kauft. Wenn die deutsche Regierung die Wirtschaft ankurbeln wollte, würde der Rat von Verhaltensökonomen lauten, statt 5- und 10-Euro-Scheinen lieber 5- und 10-Euro-Münzen in Umlauf zu bringen, weil die dann nämlich schneller ausgegeben würden.

Der Rückerstattungseffekt

Viele Leute zahlen für ihre Stromrechnung oder bei den Nebenkosten ihrer Wohnung monatlich zu viel im Voraus. Am Jahresende freuen sie sich dann, wenn sie etwas zurückbekommen oder ihre Stromlieferanten oder Vermieter ihnen anbieten, die überzahlte Summe mit den Zahlungen für das kommende Jahr zu verrechnen. Dann wird ohnehin alles teurer werden.

Tatsächlich sind zu hohe Vorauszahlungen eigentlich nur ein Kredit, den man dem Vermieter oder den Stadtwerken zinslos gibt. Besser ist es, niedrigere Vorauszahlungen zu leisten und lieber am Jahresende nachzuzahlen. Das Geld für die Nachzahlung kann man lieber selbst anlegen, auch wenn die Zinsen zurzeit nicht besonders hoch sind.

Auch beim Restaurantbesuch werden wir geprimt

Dass wir unbewussten Einflüssen erliegen, wurde in diesem Buch bereits häufig genug gesagt. Das gilt auch bei Restaurant- oder Barbesuchen. Forscher haben festgestellt, dass Diskothekenbesucher weniger Geld ausgeben, wenn sie in einen Club 18 gehen, als wenn sie in einen Club 98 gehen würden. Durch den Namen Club 98 denken die Besucher automatisch an größere Zahlen und sind dann bereit, mehr Geld auszugeben beziehungsweise höhere Preise zu zahlen. Ein Getränk für 9,80 Euro wird im Club 98 nicht so teuer angesehen wie im Club 18.

Wir hatten in unserer Nachbarschaft eine Bar, die sich Gleis 8 nannte, weil 8 eine chinesische Glückszahl ist. Der Bar hat sie aber nicht viel Glück gebracht. Die meisten Kunden kamen nur zur Happy Hour, um günstig ein Glas zu trinken, und verschwanden anschließend gleich wieder. Vielleicht hätte man in dem Namen statt einer 8 lieber eine 23 verwenden sollen, weil die 23 von den meisten Menschen als eine magische Zahl empfunden wird, während die 8 eher für Ausgleich und Langeweile steht.

Wenn man davon ausgeht, dass der Priming-Effekt zumindest statistisch starke Wirkungen entfaltet, dürfte auch ein »Gasthaus zum goldenen Hirsch« mehr Umsatz machen und teurere Gerichte verkaufen als das »Gasthaus zum weißen Kaninchen«. Natürlich spielt nicht nur der Name, sondern auch die Gestaltung von Speisekarten und Tagesangeboten eine große Rolle.

Fachleute haben sehr genau ausgetüftelt, wie man Restaurantbesucher dazu bringt, solche Gerichte zu bestellen, die vielleicht nicht unbedingt teurer, aber für das Restaurant profitabler sind.

Grundsätzlich werden die Menüs in vier Kategorien unterschieden: Stars, Puzzles, Ploughhorses (Ackergäule) und Hunde. Als Star bezeichnet man populäre und hochprofitable Gerichte, bei denen der Gast bereit ist, deutlich mehr zu bezahlen, als die Grundstoffe und die Herstellung kosten. Mit Stars werden die Gewinne eingefahren. Puzzles sind ebenfalls sehr profitabel, werden von den Gästen deutlich seltener gewählt, dürfen aber auf einer anspruchsvollen Speisekarte nicht fehlen. Die Ackergäule unter den Gerichten werden gern gegessen und sind praktisch in jedem Restaurant erhältlich. Der Kunde kennt die Preise und entsprechend unprofitabel sind diese Speisen. Die Hunde sind sowohl unprofitabel als auch unbeliebt als Gericht. Oft hängen aber entweder die Köche oder die Stammgäste gerade an diesen Gerichten.

Um aus den Puzzles Stars zu machen und die Gäste von den Ackergäulen wegzulocken, werden zwei Tricks angewandt, das Bracketing und das Bundling. Mit Bracketing meint man, dass in einem Restaurant, einer Pizzeria oder auch einem Imbiss ein und dasselbe Gericht in zwei verschiedenen Größen angeboten wird. Ob es nun Grillplatten, gemischte Vorspeisen, Steaks, Pizzas, Nudelgerichte oder Pommes frites sind, der Gast hat die Möglichkeit, sich zwischen einer großen und einer kleineren Portion zu entscheiden. Dabei ist der Preisunterschied augenfällig. In besseren Restaurants liegt der Unterschied nicht nur in der Größe der angebotenen Portion, sondern auch in unterschiedlichen Namen der vergleichbaren Gerichte, wie zum Beispiel »Sylter Fischplatte« und »Büsumer Fischplatte«.

Wie weit sich die Preise der verwendeten Zutaten und die aufgewendete Arbeit für die Zubereitung im Endpreis niederschlagen, kann der Gast eines Restaurants in der Regel nicht beurteilen. Also orientiert er sich am Preis. In den meisten Fällen geht der Gast davon aus, dass das große Steak das normale Angebot darstellt und das kleine die preisgünstigere Wahl ist. Tatsächlich wird aber in der Gastronomie zuerst das günstige Angebot so kalkuliert, dass es auf jeden Fall profitabel ist, während die größere Variante dann noch einen Zuschlag erhält, der hauptsächlich dazu dient, einen deutlichen Preisabstand herzustellen. Das große Steak wird überteuert dargestellt, um mit dem kleinen die Gewinne einzufahren. Die günstigere Variante kostet bei den Fischplatten dann vielleicht 18 Euro, während die größere 25 Euro kostet. Bei Pommes frites liegt die kleine Portion bei 2,50 Euro und die große ist mit 3,50 Euro gefühlt fast um die Hälfte teurer. Der Gastronom geht von vornherein davon aus, dass der Gast sich mit großer Wahrscheinlichkeit für die aus seiner Sicht günstigere Variante entscheiden wird. Auf diese Weise lassen sich mit verschiedenen Gerichten, die als große und kleine Portionen angeboten werden, gute Gewinne machen.

Eine andere Form der Preisgestaltung, die man besonders oft in Schnellrestaurants findet, ist die Bündelung (Bundling) von verschiedenen Produkten zu einem Menü. Wenn man zwei Hamburger, eine kleine Portion Pommes frites, ein Getränk oder einen Salat oder eine Nachspeise kauft, ist der Menüpreis etwas günstiger, als wenn man alle Teile einzeln bestellt hätte. Dabei hätte man wahrscheinlich gar nicht alles genommen, wenn da nicht der günstige Preis gewesen wäre. Vielleicht hätten ja auch zwei Hamburger und ein Getränk gereicht. So bekommt man aber die Pommes frites zu einem niedrigeren Preis dazu, und ein Schnäppchen lässt sich niemand gern entgehen. Dabei ist dem Kunden ohnehin nicht bekannt, bei welchen Produkten welche Gewinne eingefahren werden. Verdient das Restaurant mehr an den Hamburgern, an den Pommes oder am Getränk? Das Geheimnis wird vom Restaurantbetreiber gut gehütet.

Da sich regelmäßige Schnellrestaurantbesucher in der Regel daran gewöhnen, ganz bestimmte Menüs zu bestellen, werden diese immer wieder variiert, was für die Kunden den Preisvergleich erschwert und die Intransparenz erhöht. Verkauft wird es mit dem Argument, dass Abwechslung von den Kunden nun einmal gewünscht wird. Durch den Verkauf von Menüs wird der Gesamtumsatz eines Restaurants deutlich gesteigert, und das ist schließlich auch der Grund, weshalb sie angeboten werden.

Die klassischen Speisekarten, in denen die Angebote nach Vorspeise, Fleischgerichte, Fischgerichte, Nudelgerichte und Nachspeisen gegliedert und in denen dann die verschiedenen Gerichte von oben nach unten von teuer nach billig aufgelistet sind, gelten nach Ansicht der Gastronomieexperten als veraltet. Solche Übersichten führen nämlich dazu, dass die Gäste sich häufig nur am Preis orientieren und sich für mittlere oder niedrigpreisige Gerichte entscheiden. Werden die Gerichte aber in mehrere Zeilen durcheinander aufgeführt, ist der Gast gezwungen ist, die ganze Speisekarte zu lesen, um das zu finden, was ihm gefällt. Wenn die Preise in den Speisekarten in zwei Stellen nach dem Komma ausgewiesen werden oder durch Eurozeichen ergänzt werden, wird der Gast allerdings nur vom Angebot abgelenkt und auf die Preise fixiert.

Es ist empirisch erwiesen, dass der Gast zunächst nach oben rechts auf die Speisekarte guckt. Wenn dort die beiden teuersten Gerichte stehen, bilden diese den Preisanker und lassen alles andere günstig erscheinen.

Ein weiterer Trick der Gastronomen, die Gäste zum Verzehr anzuregen, ist die sogenannte Speisekartenlyrik. Das heißt, die Gerichte werden nicht nur anhand ihrer Zutaten beschrieben, wie zum Beispiel »Entenbrust mit Rotkohl und Kartoffelknödel«. Die Praxis hat gezeigt, dass eine »Knusprig gebratene Entenbrust mit Honig glasiert an einer Soße mit kandierten Orangen, hausgemachtem Rotkohl aus der Region und Kartoffelknödeln nach Großmutterart« ruhig ein paar Euro mehr kosten darf. »Brathähnchen mit Pommes frites und gemischtem Salat« macht deutlich weniger Appetit als eine »Sanft gegrillte Maispoularde mit französischen Frühkartoffeln und einer Salatspezialität nach Art des Hauses an einer Balsam-Honig-Vinaigrette«. Ziel der »Speisekartenlyrik« ist es, den Gast dazu zu bringen, sich mit dem Gericht an sich zu befassen und nicht auf den Preis zu schauen. Natürlich ist es schön, wenn einem beim Lesen der Speisekarte das Wasser im Mund zusammenläuft, aber man sollte sich immer bewusst sein, dass diese eben auch ein Teil des Verkaufens ist.

Jedem Restaurantbesucher kann man deshalb nur empfehlen, dass er das essen sollte, worauf er Appetit hat, und nicht das, was durch Speisekartenlyrik als besonders begehrenswert dargestellt wird.

Wer etwas in Zahlung gibt, drückt den Preis

Die meisten Konsumenten kämen allenfalls beim Autokauf auf die Idee, den Händler zu fragen, ob er ihren alten Wagen zu einem günstigen Preis in Zahlung nimmt. Beim Kauf eines Kühlschranks das Altgerät in Zahlung geben zu wollen oder alte Schuhe beim Kauf von neuen mit in den Laden zu bringen, käme den meisten Verbrauchern ziemlich absurd vor, den Händlern jedoch nicht. Sie wissen genau, dass sie durch solche Alt-gegen-neu-Aktionen mehr Umsatz machen, als wenn sie den ohnehin in den Verkaufspreis eingerechneten Rabatt direkt anbieten würden. Es ist für einen Kunden einfach viel spannender, seinen alten Fernseher in den Laden zu schleppen und dann dafür auch noch Geld zu bekommen, als einfach nur einen Rabatt herauszuhandeln.

Und wer seinen Fernseher erst einmal bis zum Händler geschleppt hat, wird ihn nicht wieder mitnehmen wollen, nur weil das gewünschte preiswerte Gerät vielleicht nicht verfügbar ist. Er wird eher bereit sein, auch ein teureres Exemplar zu kaufen.

Wer mehr kauft, zahlt keine Versandkosten

Immer mehr Versandhändler gehen dazu über, ihren Kunden Versandkostenfreiheit zu versprechen, wenn sie für eine bestimmte Summe einkaufen. Dieser Köder wirkt so gut wie immer. Versandkosten zusätzlich zum Preis eines Produkts zu zahlen widerstrebt nämlich den meisten Menschen und sie versuchen dies zu vermeiden. Dann kaufen sie lieber etwas mehr.

Dabei hat es sich schon zu einer eigenen Wissenschaft entwickelt, wie die Preise der Produkte aussehen müssen und wo die Freigrenzen beginnen. Die Regel lautet: Die

Versandkosten müssen im Verhältnis zu den Preisen der meisten Produkte ziemlich hoch sein und die Freigrenze sollte sich nur leicht oberhalb der Durchschnittspreise bewegen.

Wenn also die meisten Produkte bei einem Versandhändler 18 Euro kosten, dann müssten die Versandkosten vielleicht bei 8,50 Euro liegen. Diese würden jedoch wegfallen, wenn man mindestens für 20 Euro kauft. Wenn der Kunde jetzt noch ein zweites Produkt für 18 Euro seiner Bestellung hinzufügt, zahlt er für das zweite Produkt nur noch 9,50 Euro, weil er ja 8,50 Euro Versandkosten »gespart« hat. Dass solche Rechnungen auf die Dauer ziemlich ins Geld gehen, weil man ständig mehr kauft, als man braucht, ist leicht einsichtig.

Kostenlos parken kostet meist mehr

Parkplätze sind in den meisten Innenstädten ziemlich knapp. Da sind viele Autofahrer dankbar, wenn Kaufhäuser, Großmärkte für Elektroartikel oder Finanzinstitute ihnen unentgeltlich Parkraum zur Verfügung stellen. So ganz kostenlos sind diese Parkplätze natürlich doch nicht, denn man muss etwas einkaufen beziehungsweise Bankkunde sein, um sein Auto dort eine und manchmal auch zwei Stunden gebührenfrei abstellen zu können.

Die Abneigung, Verluste in Kauf zu nehmen, ist bei den Menschen nun einmal groß. Man muss in einem Kaufhaus oder Großmarkt in der Regel für eine größere Summe einkaufen, als man sie am Parkautomaten bezahlt hätte. Aber dieser Einkauf wird im Kopf anders verrechnet. Hier geht es dann um Ware gegen Geld und nicht einfach nur um Parkplatznutzung gegen Geld.

Wenn der Wert des Besitzes überschätzt wird

Wir versuchen in vielen Situationen, vermeintliche Verluste zu vermeiden. Ein solches Beispiel haben wir in unserer Nachbarschaft erlebt. Eine ältere Frau wollte ihr Haus verkaufen, um in die Nähe ihrer Kinder zu ziehen. Endlich hatte sie einen Käufer gefunden, was gerade in ländlichen Gebieten nicht so leicht ist. Als sie dann beide beim Notar saßen, um den Vertrag zu unterzeichnen, überlegte sie sich, dass der von ihr geforderte Kaufpreis wohl zu niedrig gewesen sein musste, weil er ohne große Diskussionen vom Käufer akzeptiert worden war. Tatsächlich entsprach der von ihr geforderte Preis durchaus den üblichen Marktpreisen. Der Käufer kannte diese und hatte ihren deshalb auch akzeptiert. Denn er hätte es als unfair empfunden, die Situation der älteren Frau auszunutzen. Doch das sah sie ganz anders. Also versuchte sie noch kurz vor der Vertragsunterzeichnung, den Preis nach oben zu treiben. Das empörte natürlich den Käufer, der eine Preiserhöhung in letzter Minute nicht akzeptieren wollte, besonders da er die Finanzierung bereits mit der Bank geklärt hatte.

Also platzte das Geschäft. Der potenzielle Käufer war enttäuscht, die ältere Frau war zufrieden, aber nur für eine kurze Zeit. Denn sie musste anschließend feststellen, dass ein neuer Käufer für den von ihr nun geforderten Preis nicht zu finden war. Inzwischen ist sie ausgezogen und das Haus steht seit Jahren leer. Ihre irrationale Verlustangst, also die Angst, etwas nicht zu bekommen, was einem vermeintlich zusteht, war ihr zum Verhängnis geworden.

Generell gehen die meisten Menschen davon aus, dass das, was sie besitzen, wertvoller ist als der Preis, den andere bereit sind, dafür zu bezahlen. Man erlebt dies immer wieder, wenn Amateure sich auf Trödelmärkte stellen. Während Profis eine realistische Sicht auf die Preise haben, neigen private Verkäufer dazu, sich den Trennungsschmerz möglichst vergolden zu lassen. Das Ergebnis ist dann, dass sie am Ende des Marktes alles wieder einpacken müssen, ohne etwas verkauft zu haben.

Oft ist es ein langer Lernprozess, mit den gedanklichen Verlusten beim Verkauf eines Besitzstückes fertigzuwerden. Man erlebt so etwas auch bei privaten Autoverkäufern. Sie wollen für den Wagen mehr herausholen, als sie bei einem Händler bekommen würden, wenn sie ihn dort in Zahlung geben würden. Allerdings erwarten die Käufer, dass sie den Wagen von Privatleuten günstiger bekommen als bei einem Händler, weil auch die Risiken bei einem Privatkauf höher sind und keine Gewährleistung gegeben werden muss.

Wer ein gebrauchtes Auto verkauft, verkauft nicht nur sein Auto, sondern auch einen Teil seiner Erinnerungen und seiner Identität. Beulen und Kratzer haben für ihn eine ganz andere Bedeutung als für den Käufer. »Das ist nur eine kleine Beule, weil ich gegen den Gartenzaun gefahren bin«, ist ein Argument, das den Käufer nicht interessiert. Er möchte kein Auto mit Beule haben, und wenn doch, dann eben mit deutlichem Preisnachlass.

Wenn sich die Zeiten ändern

Für die meisten Menschen ist es wichtiger, den Status quo zu erhalten, als eine Situation zu ändern. Das ist eine grundlegende Tendenz, die nicht unbedingt etwas mit dem Lebensalter zu tun hat. Aber gerade bei älteren Menschen trifft man besonders häufig auf dieses Denken. Wenn die Kinder aus dem Haus sind und der Partner vielleicht verstorben ist, ist die Wohnung oder das Haus oft viel zu groß und die Unterhaltskosten sind viel zu hoch. Trotzdem wird der Umzug in eine kleinere Wohnung immer wieder hinausgezögert. Es geht nicht nur um die Erinnerungen, die mit diesem Ort verbunden sind, sondern auch um Illusionen, die man sich macht. Eines Tages würden vielleicht die Enkelkinder hier einziehen wollen, aber das kann oft noch 20 oder 30 Jahre dauern, wenn es denn überhaupt je der Fall sein sollte.

Dieses Status-quo-Denken findet man übrigens auch bei vielen Selbstständigen und Kleinunternehmern. Sie hängen an ihrem Geschäft und wollen es nicht aufgeben, obgleich sich die wirtschaftliche Situation oder auch die Nachbarschaft ganz erheblich geändert hat. Dem kleinen Haushaltswarenladen in der Kreisstadt bleiben die Kunden weg, weil niemand mehr Porzellan und Besteck für die Aussteuer kauft. Trotzdem gibt man nicht auf, sondern lässt sich den Erhalt des Ladens viel Geld kosten. Eine Arztpraxis verliert immer mehr alte Patienten und findet keine neuen, weil der technische Stand der Geräte nicht mehr den aktuellen Anforderungen entspricht.

Niemand möchte seinen einmal erworbenen Status aufgeben oder die Statussymbole herabstufen. Vielen älteren Menschen fällt es etwa schwer, vom Mittelklassewagen auf einen zweckmäßigen Kleinwagen umzusteigen. Oder Putzfrauen werden weiterbeschäftigt, auch wenn man sie sich nicht mehr leisten kann.

Mit welchen kostspieligen Denkfehlern wir immer wieder rechnen müssen, zeigt die nachfolgende Übersicht.

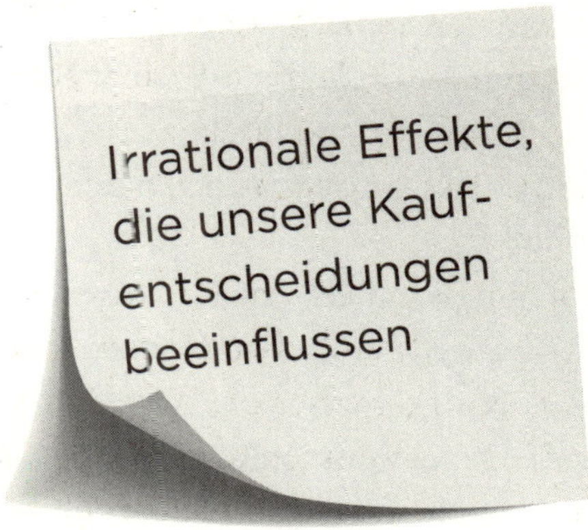

Ankereffekt (Anchoring Effect):

Wir werden bei der Beurteilung von Preisen von Informationen (Anker) beeinflusst, die uns nicht bewusst sind.

Der Anker ist der Bezugspunkt, von dem aus wir einen Preis betrachten. Er kann in der Vergangenheit liegen (zum Beispiel waren Flachbildfernseher früher noch deutlich teurer), in der Größe einer Verpackung, auch wenn der Inhalt gleich ist, oder in der Ausgestaltung einer Dienstleistung, wie etwa eines Flatrate-Handy-Vertrags.

Aufmerksamkeitseffekt (Attentional Bias):

Wir tendieren dazu, uns bei einer Entscheidung von emotionalen Reizen leiten zu lassen und dabei relevante Daten, wie zum Beispiel die Preis-Menge-Relation, zu missachten.

Nicht umsonst spielt die Warenpräsentation für den Handel eine so entscheidende Rolle. Unsere Aufmerksamkeit wird auf bestimmte Aspekte hin (zum Bespiel kühle Luft am Fischstand) und von anderen, wie dem Preis, abgelenkt.

Besitztumseffekt (Endowment Effect):

Der Mensch neigt dazu, Güter, die er besitzt, überzubewerten beziehungsweise höher zu bewerten als solche, die ihm nicht gehören.

Wenn wir unser Haus verkaufen wollen, schätzen wir den Wert in der Regel höher ein, als der tatsächliche Marktpreis ist. Das liegt daran, dass viele Erinnerungen und Emotionen mit unserem Haus verbunden sind, die aber nur für uns einen Wert darstellen. Das Argument »Das hat mein Vater selbst gebaut« zählt für potenzielle Käufer nicht. Der Besitztumseffekt wirkt aber auch bei kleinen Dingen des Alltags. So hat man in Experimenten gezeigt, dass selbst bei Kaffeebechern der eigene höher bewertet wird als einer, der anderen Teilnehmern gehört.

Bestätigungsfehler (Confirmation Bias):

Wir haben die Tendenz, Informationen so auszuwählen und zu interpretieren, dass diese unsere eigenen Erwartungen erfüllen.

Wenn wir uns zum Beispiel in den Kopf gesetzt haben, einen Gebrauchtwagen zu kaufen, fixieren wir uns leicht auf ein bestimmtes Modell und sammeln Gründe, die dafür sprechen und gegen vergleichbare Alternativen, die vielleicht preisgünstiger sind.

Bestandsillusion (Status quo Bias):

Wir haben eine Präferenz für das Bestehende und eine Abneigung gegenüber Veränderungen.

Das heißt, beim Einkaufen bevorzugen wir bekannte Produkte und lassen neue Angebote oft unberücksichtigt. Das zeigt sich zum Beispiel daran, dass wir immer wieder zu bestimmten Marken greifen.

Bewertungsverzerrungen (Distinction Bias):

Wenn wir zwei Optionen gleichzeitig bewerten, erscheinen uns die Unterschiede zwischen ihnen größer, als wenn wir sie getrennt bewerten.

Folglich gewinnt auch die Entscheidung für das eine oder das andere Produkt für uns eine größere Bedeutung. Für den Händler im Laden oder im Internet ist es nur wichtig, dass wir überhaupt kaufen. Ob es nun die etwas hellere rote Bluse oder die etwas dunklere ist, ist für ihn gleichgültig.

Einrahmungseffekt (Framing Effect):

Unterschiedliche Formulierungen ein und derselben Botschaft beeinflussen das Verhalten des Empfängers auf verschiedene Weise.

Da die Verlustangst größer ist als die Freude am Gewinn, wird eine Botschaft, die lautet: »Wer nicht heute kauft, verliert 20 Prozent Vorteilsrabatt«, größere Wirkung haben als »Heute 20 Prozent billiger durch Vorteilsrabatt«.

Entwertungseffekt (Payment Depreciation):

Frühere Ausgaben werden mental abgeschrieben.

Wenn das Geld erst einmal ausgegeben ist, verlieren die Höhe des Preises und der damit erworbene Gegenwert im Laufe der Zeit an Gewicht. Unter dem Strich kann das bedeuten, dass wir einen einmal gemachten Fehler durchaus wiederholen.

Geldillusion (Money Illusion):

Wir tendieren dazu, uns auf nominale Werte zu konzentrieren statt auf reale.

Wenn wir doppelt so viel verdienen könnten wie bisher, sich dabei aber auch die Lebenshaltungskosten verdoppeln würden, würden wir trotzdem das höhere Gehalt wählen. Auch bei der Geldanlage für die Altersvorsorge bedenken wir nicht, dass der nominale Auszahlungsbetrag in 40 Jahren nicht mehr real dieselbe Kaufkraft haben wird wie heute.

Geldsummenirrtum (Monetary Magnitude):

Bei der Aufteilung in kleinere Zahlungsbeträge nehmen wir den Preis als geringer wahr.

Dies wird besonders deutlich, wenn wir Versicherungen abschließen. Wir konzentrieren uns auf die kleinen Monatsbeiträge und achten nicht darauf, wie viel wir pro Jahr oder gar innerhalb von mehreren Jahren zahlen müssen.

Herdentrieb (Bandwagon Effect):

Wir neigen dazu, das zu tun, was viele andere auch tun. Wir kaufen gern Produkte, die unsere Freunde oder Nachbarn gekauft haben, ohne zu überlegen, ob wir diese auch tatsächlich brauchen. Oder wir kaufen das, was im Internet viele Leute positiv bewertet haben, nur weil sie es gut finden, ohne selbst nach Alternativen zu suchen.

Kontrasteffekt (Contrast Effect):

Wir bewerten etwas höher oder niedriger, wenn wir es mit einem bekannten, dazu in Kontrast stehenden Objekt vergleichen.

Wenn das Original eines Bildes von Picasso 100.000 Euro kostet, wird uns ein signierter Druck für 1.000 Euro als günstig erscheinen, auch wenn er wegen der hohen Auflage nie mehr verkauft werden kann.

Ködereffekt (Decoy Effect):

Bei der Wahl zwischen zwei Produkten ändern sich unsere Präferenzen, wenn ein drittes, besonders herausragendes Objekt vorhanden ist.

Diesen Effekt nutzen Elektronik-Großmärkte. Wenn sie nur eine niedrigpreisige und eine mittelpreisige Brotbackmaschine anbieten, hat der Käufer wahrscheinlich Probleme, sich zu entscheiden. Kommt aber ein sehr hochpreisiges Gerät hinzu, wird sich der Kunde wahrscheinlich für das mittlere Gerät entscheiden. Es ist überhaupt nicht beabsichtigt, die teure Maschine zu verkaufen. Sie dient lediglich als Köder, damit der Kunde zur Brotbackmaschine der mittleren Preislage greift.

Nachträgliche Begründungstendenz (Post-purchase Rationalization):

Wir neigen dazu, getätigte Käufe im Nachhinein mit rationalen Argumenten zu begründen.

Wenn wir uns zum Beispiel spontan ein Paar Schuhe oder ein neues Kleidungsstück gekauft haben, suchen wir anschließend Gründe dafür, warum wir dieses unbedingt brauchen. Denn dann haben wir wieder ein gutes Gewissen.

Rückschaueffekt (Sunk-Cost Effect):

Wir berücksichtigen bereits getätigte Ausgaben bei nachfolgenden damit zusammenhängenden Kaufentscheidungen.

Hier geht es um Dinge, die wir einmal gekauft haben und die zu einem Fass ohne Boden werden, zum Beispiel ein Oldtimer, der günstig ist, aber restauriert werden muss. Viele lassen ihn erst einmal neu lackieren. Doch dann geht der Motor kaputt. Auch das wird repariert, weil man ja schon Geld in die Lackierung gesteckt hat. Und so weiter. Ein englisches Auto kostete einen Freund in der Anschaffung nur 8000 Euro statt der marktüblichen 15.000 Euro.

Als er über 30.000 Euro investiert hatte, eröffnete ihm seine Werkstatt, dass er noch weitere 70.000 Euro investieren müsste, damit der Wagen seinen Vorstellungen wirklich entspricht. Zum Glück traf er die richtige Entscheidung, als er den Wagen dann für 3000 Euro wieder verkaufte.

Stückelungseffekt (Denomination Effect):

Wir haben die Tendenz, mehr Geld auszugeben, wenn wir mit kleineren Scheinen oder Münzen bezahlen.

Dies wurde in verschiedenen Experimenten nachgewiesen. So erhielten Testpersonen als Dank für eine Teilnahme an einer Befragung zum Thema Benzinverbrauch an einer Tankstelle entweder einen Fünf-Dollar-Schein, fünf Ein-Dollar-Noten oder fünf Ein-Dollar-Münzen. Alle gingen danach in den Shop. Diejenigen, die die Münzen erhalten hatten, gaben dort am meisten aus, die mit dem Ein-Dollar-Schein etwas weniger und die mit der Fünf-Dollar-Note hatten ihren Schein behalten.

Verlustaversion (Loss Aversion):

Der Schmerz, etwas herzugeben, ist größer als die Freude, etwas zu erhalten. Deshalb neigen wir dazu, Verluste zu vermeiden.

Neurowissenschaftler haben festgestellt, dass Verlusten ein zweimal so großes Gewicht zugemessen wird wie Gewinnen. Und wenn wir beim Kauf eines Produktes einen Verlust empfinden, kann dieser nicht durch einen Gewinn in gleicher Höhe beim Kauf eines anderen Produkts ausgeglichen werden.

Zahlungsentkoppelungseffekt (Payment Decoupling):

Die physische Trennung von Zahlung und Kauf bewirkt, dass der Preis insgesamt weniger wahrgenommen wird.

Wenn wir einen Kauf sofort bezahlen, spüren wir einen unmittelbaren Geldabfluss und wir halten uns unmittelbar danach mit weiteren Ausgaben zurück. Liegt der Zahlungszeitpunkt vor oder nach dem Kauf, werden diese Ausgaben weniger wahrgenommen und wir sind auch eher bereit, weitere Dinge zu kaufen. Außerdem spielt es bei einem Kreditkartenkauf auch eine Rolle, dass bei der Abrechnung verschiedene Ausgaben gebündelt dargestellt werden, sodass die Verknüpfung zwischen dem einzelnen Produkt und dem dafür gezahlten Preis entfällt.

Zahlungsschmerz (Pain of Paying):

Es ist grundsätzlich für den Menschen schmerzhaft, sich von einem Teil seines Geldes oder Vermögens zu trennen.

Entscheidend für den vom Konsumenten empfundenen »Schmerz« ist das Verhältnis zwischen dem wahrgenommenen Nutzen und den Kosten des Produktes. Dabei spielt der Zahlungszeitpunkt eine wesentliche Rolle. Wurde das Produkt im Voraus bezahlt, empfindet man zum Zeitpunkt des Konsums dieses quasi als kostenlos und von hohem Nutzen.

Wurde das Produkt zum Zeitpunkt der Zahlung allerdings schon konsumiert, wird der Nutzen als geringer eingeschätzt.

Zahlungstransparenzeffekt (Payment Transparency):

Die Zahlungsart beeinflusst unsere Preiswahrnehmung.

Wenn wir bar bezahlen, spüren wir eine sofortige Verringerung unseres Vermögens. Zahlen wir aber per Kreditkarte, sehen wir den Zahlungsvorgang noch nicht als eigentliche Zahlung an, sondern erst als Verpflichtung zur zukünftigen Begleichung des Betrages. Die sofortige Veränderung des Vermögens wird stärker wahrgenommen als eine Veränderung, die über die Zeit abläuft. Deshalb kaufen wir auch mehr und zu einem höheren Preis, wenn wir mit Kreditkarte bezahlen, auf Rechnung kaufen oder Raten beziehungsweise monatliche Beiträge überweisen.

Zukunftsabschlagseffekt (Hyperbolic Discounting):

Generell besteht eine Präferenz für sofortige Belohnungen gegenüber späteren.

Deshalb werden kleinere Belohnungen, die zeitnah fällig sind, gegenüber größeren bevorzugt, die später erfolgen. Bleibt der Zeitraum zwischen der möglichen Auszahlung dieser Belohnungen gleich und wird die gesamte Aktion in die Zukunft verschoben, verliert die Zeit an Bedeutung, während die Höhe der Belohnung wichtiger wird.

Dieser Effekt spielt bei der Gestaltung von Kapitallebensversicherungsverträgen eine große Rolle. Zunächst entscheidet sich der Versicherte zum Beispiel dafür, in 40 Jahren eine höhere Auszahlung zu erhalten als in 35 Jahren. Sind dann aber 30 Jahre vergangen und der nächstmögliche Auszahlungstermin rückt näher, wird diese Entscheidung häufig korrigiert.

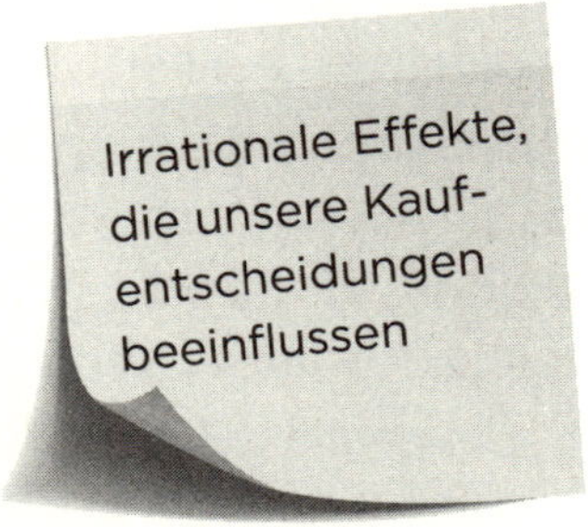

Den eigenen Geldfehlern auf die Schliche kommen

Viele Menschen sind mit ihrem Geldverhalten nicht zufrieden. Deshalb versuchen sie, ihren Fehlern mithilfe von Beschreibungen der verschiedenen Geldtypen auf die Schliche zu kommen. Für eine grobe Orientierung sind solche Typologien sicherlich ganz hilfreich, allerdings muss man stets im Hinterkopf behalten, dass diejenigen, die solche Typologien erarbeiten und der Öffentlichkeit zur Verfügung stellen, damit ganz bestimmte Ziele verfolgen. Empirische Studien zu Geld- oder Finanztypen werden in der Regel von Marktforschungsinstituten im Auftrag ihrer Kunden erstellt, die entweder aus dem Handel kommen oder Finanzdienstleister sind. Das Ziel dieser Typologien besteht meist darin, den Verkäufern oder »Beratern« Informationen an die Hand zu geben, wie sie den einzelnen Kunden schneller einschätzen und beeinflussen können. Manche Typologien werden auch von Finanzcoaches erstellt, wobei es dann meist darum geht, ein ganz bestimmtes Beratungsmodell zu verkaufen.

Typologien sind in der Regel Beschreibungen von positiven oder negativen Denkgewohnheiten, die unser Verhalten steuern. Schauen wir uns deshalb einmal einige Geldtypologien an und prüfen, inwieweit sie für uns relevant sind.

Die acht Geldtypen

Die von Sinus Sociovision im Auftrag der Commerzbank erstellte Studie »Die Psychologie des Geldes« aus dem Jahr 2004 hat, obwohl sie schon etwas älter ist, bis heute nichts von ihrem Wert verloren. Sie ergab, dass sich die Deutschen bei ihrem Umgang mit Geld in acht verschiedene Finanztypen unterscheiden lassen:

- die Resignierten,
- die Sorglosen,
- die Pragmatiker,
- die Delegierer,
- die Bescheidenen,
- die Sicherheitsorientierten,
- die Souveränen sowie
- die Ambitionierten.

Die Resignierten

Die »Resignierten« setzen sich nicht konstruktiv mit ihren Geldangelegenheiten auseinander und versuchen Geldprobleme einfach zu ignorieren. Sie sind frustriert und fühlen sich als Opfer der äußeren Umstände. Häufig haben sie nur stark eingeschränkte finanzielle Spielräume und leben auf Pump. Der Hauptaspekt aller Finanzfragen ist der Mangel an Geld. Für sie steht nicht das Geldausgeben und erst recht nicht das Geldanlegen im Vordergrund der Betrachtung, sondern die nicht vorhandenen Chancen, überhaupt

Geld zu verdienen oder es durch Renten und andere Formen des Sozialtransfers zu erhalten.

Die Sorglosen

Auch die »Sorglosen« haben nur begrenzte finanzielle Möglichkeiten, geben aber das vorhandene Geld mit vollen Händen genauso schnell aus, wie es hereinkommt. Sie leben im Hier und Jetzt und verzichten auf eine planvolle Vorsorge für das Alter, weil sie an Geldthemen generell nicht interessiert sind. Sie fürchten, bei einem rationalen Umgang mit Geld Konsequenzen für ihren aktuellen Lebensstil ziehen zu müssen, und hoffen letzten Endes darauf, dass in Zukunft alles von allein besser wird.

Die Pragmatiker

Für die »Pragmatiker« ist Geld nur Mittel zum Zweck, Geld an sich stellt für sie keinen besonderen Wert dar. Sie sehen zwar die Notwendigkeit, etwas für die Altersvorsorge zu tun, haben aber keine wirkliche Freude und auch kein Interesse an einem gut gefüllten Bankkonto.

Die Delegierer

Die »Delegierer« haben einfach keine Lust, sich mit Geldthemen zu befassen. Stattdessen verlassen sie sich lieber auf andere Menschen, meist aus der Familie oder dem Freundeskreis, die sich für »Geldexperten« halten und sie mit entsprechenden Ratschlägen versorgen. Den Delegierern selbst ist es viel zu mühsam, sich Informationen zu beschaffen, und selbst wenn sie den Rat erhalten, ihr Verhalten zu ändern, verzichten sie häufig darauf. Geld ist eigentlich kein Thema, mit dem sie sich selbst befassen wollen.

Die Bescheidenen

Die »Bescheidenen« sind mit ihrem Lebensstandard und ihrem Einkommen zufrieden und verfolgen keine hochgesteckten Finanzziele. Für sie ist Geld eine Privatsache. In der Regel gehören sie zu den klassischen Sparern, die ihr Geld nicht verprassen, sondern damit vorsichtig defensiv umgehen. Sie versuchen nicht, ihren Lebensstil durch ein höheres Einkommen zu verbessern, sondern arrangieren sich mit dem, was sie haben.

Die Sicherheitsorientierten

Die »Sicherheitsorientierten« unterscheiden sich von den Bescheidenen dadurch, dass sie finanziell bessergestellt sind. Sie verdienen gut genug, dass sie sich nicht einschränken müssen, um etwas auf die Seite legen zu können. Dabei bevorzugen sie eher konservative und sichere Anlageformen. Geld zu haben ist für sie zwar beruhigend, macht sie aber auch nicht unbedingt glücklicher. Sie interessieren sich zwar für Geldthemen, doch ihr Engagement hält sich in Grenzen. Würden sie nicht so gut verdienen, würden sie wahrscheinlich anderen Gruppen wie den Delegierern und

Pragmatikern oder eben auch den Bescheidenen zugerechnet werden.

Die Souveränen

Die »Souveränen« lesen gern den Wirtschafts- und Finanzteil von Zeitungen und sind daran interessiert, in Geldfragen immer auf dem Laufenden zu sein. Sie lieben Geld und nutzen es, um ihre Existenz zu sichern und ihren Wohlstand zu mehren.

Die Ambitionierten

Für die »Ambitionierten« ist Geld der Gradmesser ihres persönlichen Erfolgs. Bei ihnen dreht sich fast alles darum. Um mehr davon zu bekommen, suchen sie ständig nach günstigen Gelegenheiten, ihr Geld zu vermehren, und sie sind auch durchaus bereit, Risiken einzugehen. Viele von ihnen sind typische »Börsenzocker«, die ihr Vermögen ständig umschichten, einerseits weil sie Spaß daran haben, andererseits aber auch, weil sie fürchten, etwas zu verpassen. Denn sie wollen Verluste unbedingt vermeiden, was jedoch nicht immer gelingt.

In Deutschland machen die Ambitionierten und die Souveränen zusammen nicht einmal 20 Prozent aus, während fast 50 Prozent der Bevölkerung eher zu den Sorglosen, den Delegierern und den Resignierten zählen. Gemeinsam mit den Bescheidenen, den Pragmatikern und den Sicherheitsorientierten ergeben sie einen Anteil von rund 80 Prozent. Da sich von diesen 80 Prozent niemand aktiv mit Finanzthemen auseinandersetzt, weil er es nicht kann oder nicht will, haben Finanzdienstleister hier gute Chancen, Produkte zu verkaufen, die für sie selbst gute Renditen bringen. Dem Anleger nützen sie aber häufig nicht viel, sondern führen nur dazu, dass am Ende des Geldes einfach noch zu viel Monat übrig ist. Das ließe sich ändern.

Im Gegensatz zu Autofahrern, die in Umfragen zu 95 Prozent behaupten, selbst gute Autofahrer zu sein, gleichzeitig aber annehmen, dass sich 85 Prozent der anderen Autofahrer total überschätzen, waren sich die Befragten der Commerzbank-Studie durchaus im Klaren, wo ihre Probleme und Fehler im Umgang mit Geld liegen. Die meisten von ihnen vermittelten aber ganz offensichtlich den Eindruck, dass sie an ihrem Umgang mit Geld gar nichts ändern wollen.

Unter den Resignierten wird es wahrscheinlich wirklich viele Menschen geben, die aufgrund ihres Alters oder ihres Gesundheitszustandes nicht in der Lage sind, durch Arbeit ihre finanzielle Situation aufzubessern. Diesen Menschen können wir nur den Rat geben, sich verstärkt um die Hilfe anderer zu bemühen, weil sie es allein tatsächlich nicht schaffen werden. Die Möglichkeiten unserer Gesellschaft, Menschen, die nur sehr wenig haben, zu unterstützen, sind äußerst vielfältig, doch viele wissen gar nicht, welche Hilfen sie wo erhalten könnten. Kirchen, gemeinnützige Organisationen und Vereine, aber auch Behörden sind durchaus bereit, Wege aufzuzeigen, wie man seine Situation verbessern kann. Wenn weder Freunde, Verwandte oder gute

Nachbarn in die eigene Situation eingeweiht werden sollen, kann man den Weg zu sozialen Diensten in der Regel auch über den Hausarzt finden, den eigentlich jeder hat.

Problematischer ist es mit den Resignierten, die durchaus arbeitsfähig sind, sich aber frustriert fühlen und als Opfer der äußeren Umstände. Hier wäre ein radikales Umdenken notwendig, wie es im nachfolgenden Kapitel über Geldgewohnheiten aufgezeigt wird. Oft genug ist der Mangel an Geld nicht allein darauf zurückzuführen, dass zu wenig Geld hereinkommt, sondern darauf, dass es aus Gewohnheit einfach falsch ausgegeben wird. Wenn man an der Supermarktkasse erlebt, dass eine fünfköpfige Familie, die ganz offensichtlich nicht im Geld schwimmt, ihren Einkaufswagen mit Kartoffelchips, Süßigkeiten und Fertiggerichten gefüllt hat, zweifelt man leicht daran, ob hier wirklich wirtschaftlich eingekauft wird. Statt fünf Ein-Portionspackungen mit Nudeln in Bolognesesoße zu kaufen, könnte man auch die Grundzutaten Nudeln, Hackfleisch und Tomaten frisch kaufen, um damit die Familie preiswerter und besser satt zu machen. Allerdings sind zugegebenermaßen gerade in solchen Fällen bei der Beratung oft große Hürden zu überwinden.

Die Sorglosen verschieben alle Probleme auf morgen, obgleich sie wissen, dass sie bei einem veränderten Lebensstil besser mit ihrem Geld auskommen könnten und sogar in der Lage wären, sich ein finanzielles Polster zuzulegen, wenn vielleicht auch nur ein kleines. Natürlich ist es schwer, seine Gewohnheiten zu ändern, besonders dann, wenn der Leidensdruck nicht als zu groß empfunden wird.

Die Pragmatiker kommen wahrscheinlich ganz gut durchs Leben und mit ihrem Geld auch bis zum Ende des Monats aus, nur bei Finanzdienstleistern gelten sie nicht als die beliebtesten Kunden. Hier kann man eigentlich nur sagen, dass jeder nach seiner Fasson glücklich werden sollte.

Die »Delegierer« hätte man auch etwas unfreundlicher als »Bequeme« bezeichnen können. Sie scheinen nämlich ihre Verantwortung an ihre Mitmenschen abzugeben, um sich selbst ein entspanntes Leben leisten zu können. Ihr Verhalten wollen sie gar nicht ändern, weil das ja vielleicht Mühe und selbstständiges Denken erfordern würde. Wer das Mitgefühl anderer ausnutzt und für sich selbst keine Verantwortung übernehmen will, darf irgendwann auch nicht mehr damit rechnen, dass man ihm hilft. Delegierer kommen immer so lange gut über die Runden, wie sie Freunde und Angehörige haben, die für sie sorgen. Sympathieträger sind sie in der Regel nicht.

Die Bescheidenen, die Sicherheitsorientierten und die Souveränen sind im Prinzip die Menschentypen, die sich um die Resignierten, die Sorglosen und die Delegierer kümmern und ihnen bei Problemen immer wieder auf die Beine helfen. Sie selbst haben in der Regel keine Geldprobleme, sollten sich aber überlegen, ob sie aus dem, was sie haben, nicht noch mehr machen könnten.

Die Ambitionierten sind die Lieblinge der Banken, Sparkassen und Versicherungen, die mit ihnen richtig Umsatz machen und dabei Gewinne einfahren. Da die Ambitionierten bereit sind, Risiken einzugehen, kann es ihnen allerdings bei Turbulenzen auf den Finanzmärkten durchaus passieren, dass am Ende des Geldes doch noch zu viel Monat da ist. Oft genug gilt für sie der Spruch »Gier frisst Hirn«. Dann sollten sie sich überlegen, ob sie ihre Gewohnheit, nur noch ans Geld zu denken, nicht zugunsten neuer Gewohnheiten aufgeben sollten.

Die meisten von Ihnen, die dieses Buch lesen, werden nicht zu den oben beschriebenen Problemgruppen gehören, denn sonst hätten Sie sich dieses Buch wahrscheinlich nicht gekauft. Wenn Sie Probleme haben, wollen Sie diese lösen. Das ist ein sehr guter Ansatz. Die vorherige Typologie ist sicher hilfreich, um in Ihrem Freundes-, Bekannten-, Verwandten- und Kollegenkreis Geldfehler zu identifizieren und zu erkennen, welche Ratschläge und Gesprächsthemen konstruktiv sein können und akzeptiert werden oder auch nicht. Die nachfolgende Typologie der Konsumententypen ist für Sie wahrscheinlich wichtiger, um die eigenen Gewohnheiten zu identifizieren und nach Verbesserungsmöglichkeiten Ausschau zu halten.

Die fünf Konsumententypen aus preispsychologischer Sicht

Im Gegensatz zur Commerzbank-Studie, bei der es hauptsächlich um das Anlageverhalten der Menschen geht, betrachtet die Studie »Smarter Pricing mit GRIPS« der Vocatus AG aus dem Jahr 2008 die Konsumenten ausschließlich unter preispsychologischen Gesichtspunkten.

Vocatus unterscheidet dabei fünf Konsumententypen:

- den Schnäppchenjäger,
- den Verlustaversiven,
- den vergleichsscheuen Gewohnheitskäufer,
- den dynamisch Preisbereiten sowie
- den abgeklärten Gleichgültigen.

Der Schnäppchenjäger

Die »Schnäppchenjäger« sind die deutlich dominierende Gruppe. Für diesen Käufer ist in erster Linie ein attraktiver Rabatt interessant. Da er ein erfolgreicher Konsument sein möchte, der sich von anderen dadurch unterscheidet, dass er einfach »besser« einkauft, vergleicht er intensiv die Preise. Die Produktmarke spielt für ihn nur eine geringe Rolle. Der Schnäppchenjäger möchte in jedem Fall immer nur den günstigsten Preis zahlen, egal ob es sich nur um einen Schokoriegel für 50 Cent handelt oder um eine neue Küche für 15.000 Euro.

Ein typisches Beispiel ist der Rentner, der genügend Zeit hat und eine Monatskarte für die öffentlichen Verkehrsmittel. Er fährt damit eine halbe Stunde durch die Stadt, um fünf Brötchen bei einem Bäcker zu kaufen, bei dem sie pro Stück einen Cent weniger kosten als beim Bäcker nebenan. Oft kauft der Schnäppchenjäger auch ein Produkt nur, weil es reduziert ist, obwohl er es aktuell gar nicht braucht. Oder er kauft viel mehr, als er benötigt, weil es einen Mengenrabatt gibt.

Vocatus kommt zu dem Ergebnis, dass der Schnäppchenjäger *wegen* des Preises kauft, während die anderen Konsumenten es *trotz* des Preises tun. Durch die Konzentration auf Rabatte und Sonderangebote geht ihm allerdings oft der Blick für den Gesamtpreis, den er an der Kasse bezahlen muss, verloren. Das einzelne Produkt war vielleicht wirklich ein Schnäppchen, aber die gekaufte Menge sorgt dann dafür, dass das Haushaltsgeld in der Mitte des Monats schon knapp wird.

Der Verlustaversive

Auch der »Verlustaversive« achtet sehr auf den Preis. Aufgrund früherer frustrierender Erfahrungen, an die er sich noch gut erinnert, ist er sehr misstrauisch. Da er schon öfter auf Schnäppchen in einem Supermarkt hereingefallen ist, nur um dann feststellen zu müssen, dass der Dauertiefstpreis in einem anderen Laden günstiger gewesen wäre, achtet er nicht nur darauf, welcher Preis gefordert wird, sondern auch darauf, ob er dem Händler in seinen Preisstrukturen insgesamt trauen kann.

Der vergleichsscheue Gewohnheitskäufer

Ein ganz anderer Preistyp ist der »vergleichsscheue Gewohnheitskäufer«. Er interessiert sich nicht für Rabatte, hat keine Lust zu komplizierten Preisvergleichen und erst recht nicht dazu, mit dem Verkäufer über den Preis zu verhandeln. Wenn ihm das Angebot akzeptabel erscheint, greift er zu. Den vergleichsscheuen Gewohnheitskäufer zeichnet besonders seine Markentreue aus. Die Sympathie für den

Hersteller und das Image der Marke sind ihm ebenso wichtig wie die Erfahrungen, die er mit anderen Produkten dieses Anbieters gemacht hat. Am liebsten ist ihm, wenn er sich gar nicht um den Preis kümmern muss.

Der dynamisch Preisbereite

Der »dynamisch Preisbereite« ist wie der Schnäppchenjäger hauptsächlich daran interessiert, beim Einkauf besser und erfolgreicher zu sein als andere aus seinem Freundeskreis oder seiner Familie. Er kennt zwar die Preise und hat auch eine eigene Preisvorstellung, ist aber auch offen gegenüber Qualitätsmarken und Imageargumenten. Der dynamisch Preisbereite ist der ideale Partner für Verkäufer, die Spaß daran haben, ihre Kunden zu überzeugen. Denn dieser Typus ist durchaus bereit, sein ursprünglich vorgesehenes Preislimit auch schon einmal zu überschreiten, wenn er entsprechende Gegenleistungen bekommt. Beim Autokauf zum Beispiel überziehen die dynamisch Preisbereiten ihr Budget um 15 bis 20 Prozent, wie Untersuchungen ergeben haben.

Der abgeklärte Gleichgültige

Für den »abgeklärten Gleichgültigen« spielen bei seinen Kaufentscheidungen Emotionen kaum eine Rolle. Er kümmert sich weder um den Preis noch um die Marke und nimmt das, was ihm im Augenblick des Kaufs als am besten geeignet erscheint. Da seine Entscheidungsprozesse entsprechend kurz sind, rennt er geradezu durch den Supermarkt und ist weder von Sonderangeboten noch durch besondere Warenpräsentationen zu stoppen. Was ihn antreibt, sind fast ausschließlich die aktuellen Bedürfnisse. Erwartet er am Abend Gäste, dann kauft er die Speisen und Getränke, von denen er annimmt, dass sie den Gästen schmecken werden, und nicht solche Produkte, mit denen er seine besondere Kennerschaft unter Beweis stellen kann.

Vocatus erklärt die Verhaltensweisen der verschiedenen Konsumententypen anhand einer Liste von Aussagen, denen die einzelnen Typen mehr oder weniger zustimmen. Wenn Sie sich ein Bild von sich selbst machen wollen, können Sie einen Test machen, indem Sie jeder Aussage eine bestimmte Ziffer zwischen 1 und 5 zuordnen. Die 5 steht für »Ich stimme voll und ganz zu«, die 1 für »Ich stimme überhaupt nicht zu«, und die Ziffern 2, 3 und 4 stehen für »Ich stimme ein wenig zu«, »Ich bin für ein Sowohl-als-Auch« und »Ich stimme weitestgehend zu«.

Welcher Konsumententyp sind Sie?

1. Ich habe mit dem Kauf so lange gewartet, bis ich ein Angebot fand, das meinen Preisvorstellungen entsprach.

Dieser Aussage stimmt der Schnäppchenjäger voll und ganz zu und der Verlustaversive überwiegend. Der Gewohnheitskäufer stimmt dieser Aussage nicht zu und der abgeklärte Gleichgültige kaum.

2. Den Preis habe ich erst beachtet, als ich mich eigentlich schon für das Produkt entschieden hatte.
   Hier stimmen die Gewohnheitskäufer und die dynamisch Preisbereiten voll und ganz zu, der abgeklärte Gleichgültige kaum.

3. Grundsätzlich wollte ich bei meiner gewohnten Marke bleiben, sofern der Preis meine Erwartungen nicht deutlich übersteigt.
   Dieser Aussage stimmt der Gewohnheitskäufer voll und ganz zu, der Schnäppchenjäger überwiegend und der abgeklärte Gleichgültige kaum.

4. Ich habe nur auf den Gesamtpreis geachtet und mich nicht an einzelnen Preiselementen wie zum Beispiel Zinssatz oder Minutenpreis orientiert.
   Hier stimmt der Schnäppchenjäger voll und ganz zu und der Verlustaversive überwiegend. Der Gewohnheitskäufer stimmt dieser Aussage nicht zu, der abgeklärte Gleichgültige kaum.

5. Ich habe verglichen, wie viel zusätzliche Leistung ich für einen etwas höheren Preis bekomme.
   Dieser Aussage stimmen sowohl der Schnäppchenjä-

ger als auch der dynamisch Preisbereite voll und ganz zu und der Verlustaversive überwiegend. Der Gewohnheitskäufer stimmt dieser Aussage nicht zu und auch der abgeklärte Gleichgültige kaum.

6. Ich habe verglichen, auf wie viel Leistung ich verzichten muss, wenn ich nur einen etwas niedrigeren Preis bezahlen möchte,
   Hier stimmt der Schnäppchenjäger wieder voll und ganz zu, der Verlustaversive und der dynamisch Preisbereite überwiegend. Der Gewohnheitskäufer stimmt dieser Aussage nicht zu und auch der abgeklärte Gleichgültige kaum.

Nun zum Ergebnis des Tests: Es gibt nicht *den* idealen Typ, sondern nur ein adäquates Verhalten in den verschiedenen Kaufsituationen! Deshalb werden die meisten Leser zu dem Ergebnis gekommen sein, dass sie zu einer Mischung aus zwei oder drei verschiedenen Konsumententypen gehören. Wer sich ganz eindeutig einem einzigen Typ zuordnen lässt, sollte sich in der Beschreibung der einzelnen Typen noch einmal mit den Stärken und Schwächen befassen, die ihm zugeordnet werden. Es war auch für Vocatus bei der Beobachtung der Konsumenten interessant, dass der preispsychologische Entscheidungstyp kein festes Verhaltensmuster eines bestimmten Charakters darstellt, sondern von der jeweiligen Produktkategorie oder Branche abhängt. Die von dem Einzelnen präferierte Entscheidungsstrategie in Bezug auf den Preis ist also situationsabhängig.

Beim Neuwagenkauf verhalten sich mehr als die Hälfte aller Kunden wie Schnäppchenjäger. Geht es darum, einen Mobilfunkvertrag abzuschließen, versuchen mehr als ein Drittel, Verluste zu vermeiden und sich nicht über den Tisch ziehen zu lassen. Beim Kauf einer Zeitschrift verhalten sich drei Viertel aller Kunden wie abgeklärte Gleichgültige oder dynamisch Preisbereite. Was zählt, ist nicht, was die Zeitschrift kostet, sondern was drinsteht. Bei Lebensmitteln folgen mehr als ein Drittel aller Kunden ihrer Gewohnheit.

Wenn die Konsumenten also in der Lage sind, je nach Kaufsituation das eigene Verhalten zu ändern und nicht immer nach demselben Schema F zu handeln, können wir nur den Rat geben, diese Flexibilität zu nutzen und gezielt auszubauen. Diese situative Strategie wird natürlich besonders den Schnäppchenjägern, den Verlustaversiven und den dynamisch Preisbereiten leichtfallen, während hingegen die vergleichsscheuen Gewohnheitskäufer und abgeklärten Gleichgültigen eher in ihrem Fahrwasser bleiben. Allerdings müssen sie dann auch damit rechnen, dass sie in vielen Fällen mehr bezahlen, als sie eigentlich müssten, und das Geld knapp werden kann.

Die Konsumententypen im Emotions-Gesamtmodell

Einen ganz eigenen Weg bei der Typologisierung der Konsumenten sind die Marktforscher der Münchener Gruppe Nymphenburg gegangen. In umfangreicher Forschungsarbeit verknüpften sie die Erkenntnisse der Hirnforschung mit dem vorhandenen psychologischen Wissen und den Ergebnissen eigener Untersuchungen und Erhebungen zu einem in seiner Form weltweit einzigartigen Emotions-Gesamtmodell, dem sie den Markennamen Limbic® gaben. Dieses Emotions-Gesamtmodell, das auf sicherem und aktuellem wissenschaftlichen Boden steht, lässt sich gegenüber den Auftraggebern bei Herstellern und Händlern leicht kommunizieren und ist universell einsetzbar.

Auf der Karte der Emotionen, der sogenannten Limbic® Map, ist der gesamte Emotions- und Werteraum eines Menschen abgebildet. Zwischen den beiden Polen Stimulanz und Dominanz liegt der Bereich Abenteuer und Thrill, zwischen den Polen Dominanz und Balance der Bereich Disziplin und Kontrolle und zwischen den Polen Balance und Stimulanz der Bereich Fantasie und Genuss.

Damit lässt sich die Gesamtstruktur der Emotionssysteme und der Werte im menschlichen Gehirn abbilden. Man kann die emotionale Position von Produkten und Marken definieren, man kann aber auch den emotionalen Umgang mit Geld verständlich und nachvollziehbar machen.

Im Bereich Abenteuer und Thrill findet sich zum Beispiel der Wunsch, schnell reich zu werden und etwas zu riskieren. Beides wird durch die Faktoren Stimulanz und Dominanz gefördert. Sein Kapital strategisch auszubauen, ist hingegen eher durch den Wunsch nach Dominanz bestimmt. Die Neigung, sein Geld effizient zu verwalten und die Kontrolle über sein Geld zu behalten, findet sich im Feld für Disziplin und Kontrolle, das zwischen Dominanz und Balance liegt. Risikovermeidung und Vorsorge sind bei Balance positioniert und der sorglose Umgang mit Geld oder der Wunsch, sich mit Krediten das Leben zu verschönern, im Bereich Fantasie und Genuss, dessen Eckpunkte wiederum Balance und Stimulanz bilden.

Abhängig davon, ob ein Konsument Mann oder Frau ist und ob er jung oder alt ist, gehört er in seinem emotionalen Verhalten im Schwerpunkt zu einer Gruppe der sogenannten Limbic® Types, die sich in Abenteurer, Performer, Disziplinierte, Traditionalisten, Harmonisierer, Offene und Hedonisten aufteilt. Nach Ansicht von Hans-Georg Häusel, dem Vorstand der Unternehmensberatung Gruppe Nymphenburg, wird der Wunsch nach guten und besten Preisen aus den unterschiedlichsten Motiv- und Emotionssystemen gespeist.

Der Kauf unter Preisgesichtspunkten als Ausdruck der Cleverness und Selbsteffizienz liegt ebenso im Bereich von Disziplin und Kontrolle wie der Preiskauf als Erlebnisverzicht oder Sparsamkeit als Tugend und zur Risikokontrolle. Der Preiskauf aus Jagdtrieb ist eindeutig dem Bereich Abenteuer/Thrill zuzuordnen. Der Preiskauf als Spaß am Spiel wird durch den Faktor Stimulanz gefördert und der Preiskauf, um mit wenig Geld möglichst viele Erlebnisse zu bekommen, liegt im Bereich Fantasie und Genuss.

Die Typologie der Limbic® Map soll das Verbraucherverhalten kalkulierbar und vorhersagbar machen. Das tut es sicher auch. Allerdings ist dieses System kaum geeignet, dem Einzelnen den Weg zur Selbsterkenntnis und zur Verhaltensänderung zu öffnen. Hierfür sind eher psychologische Typologien geeignet, die von Finanzcoaches in Seminaren eingesetzt werden.

Geldtypen aus der Sicht eines Finanzcoaches

Die Berliner Finanzcoachin Petra Bock vertritt eine ähnliche Auffassung zu Geld und Psyche wie Hans-Georg Häusel. Sie unterscheidet zwölf verschiedene Geldtypen, wobei es nicht nur um das Geldausgeben geht, sondern auch darum, wie man sein Geld erwirbt, wie man es anlegt oder für andere einsetzt.

Die Geldtypen von Petra Bock sind: Ausgefuchste, Zocker, souveräne Reiche, unsichere Reiche, Asketen, Sparsame, Geizige, Naive, Bescheidene, Verschwender, Schuldenmacher und Großzügige.

Man könnte diese Geldtypen auch sehr gut mithilfe der Limbic® Map von Hans-Georg Häusel erklären. Im Bereich von Abenteuer und Thrill finden wir die beiden Typen des Ausgefuchsten und des Zockers. Der Ausgefuchste liebt es, durch Tricks am Rande der Legalität zu Geld zu kommen und Steuern zu vermeiden. Der Zocker hingegen glaubt, dass er das Geschehen an der Börse durchschauen kann und deshalb mit riskanten Geschäften große Gewinne einfahren wird. Beide gehören eher zu den Geldverlierern. Die Tage des Ausgefuchsten sind spätestens dann gezählt, wenn er vom Rande der Legalität ins Kriminelle abrutscht, und der Zocker wird sein Geld verlieren, weil er glaubt, dass der alte Börsenspruch »Hin und her macht Taschen leer« gerade für ihn nicht gilt.

Der Typ des souveränen Reichen ist der Dominanz zuzuordnen. Hier wird der Wohlstand behütet und vermehrt, ohne dass er zum Lebensmittelpunkt wird. Unter den souveränen Reichen finden sich besonders viele Erben großer Vermögen.

Der unsichere Reiche hat sein Geld durch harte Arbeit erworben und dabei den Genuss und das Abenteuer vernachlässigt. Seine Sorge ist immer, dass ihm sein Wohlstand wieder abhandenkommt, wenn er sich nicht tagtäglich dafür ins Zeug legt. Die Asketen haben ein fest gefügtes Wertesystem, in dem Geld keine Rolle spielt. Sie sind zwar bereit, Geld zu verdienen, aber eben nicht um jeden Preis. Die Sparsamen haben eine realistische Einstellung zu ihrer Lebenssituation und wissen immer ziemlich genau, was sie sich leisten können und was nicht. Die Geizigen haben eine negative Meinung von der Welt. Sie sind weder großzügig noch menschenfreundlich, was natürlich auf sie zurückschlägt und ihre Weltsicht nur noch verstärkt.

Die Typen des Naiven und des Bescheidenen liegen beide auf der Grenze zwischen Fantasie und Genuss sowie Disziplin und Kontrolle. Die Bescheidenen glauben, dass sie nichts verdient haben und ihnen einfach nichts zusteht und dass das Aufopfern für andere Menschen wichtiger ist als Geldverdienen. Sie sehen nicht, dass man auch beides miteinander verbinden kann. Die Naiven sind diejenigen, die sich gern auf andere verlassen und denen gesagt werden muss, was sie tun und lassen sollen, weil sie sich sonst nicht um ihre Lebensgrundlage kümmern.

Im Bereich von Fantasie und Genuss finden wir die drei Geldtypen Verschwender, Schuldenmacher und Großzügige. Verschwender geben ihr Geld nicht notwendigerweise für sich selbst aus, sondern häufig auch zugunsten anderer Menschen, um sich so soziale Akzeptanz zu erkaufen. Der Schuldenmacher lebt im Hier und Jetzt und erliegt oft seinen Kaufimpulsen und Wünschen. Dass seine finanzielle Situation wieder in Ordnung kommt, bleibt häufig eine unrealistische Projektion in die Zukunft. Der Großzügige zeigt Wertschätzung sich selbst und anderen gegenüber. Er weiß, was er kann, was er leistet und was er hat. Daran lässt er auch andere teilhaben und ist somit der Geldtyp, mit dem man sich wahrscheinlich am liebsten identifiziert.

Wie wir Geldfehler vermeiden können

Konsumenten können Geldfehler nicht gänzlich vermeiden, denn auf der Verkäuferseite gibt es einfach zu viele Fachleute, die ihr Handwerk, den Kunden das Geld aus der Tasche zu ziehen, perfekt beherrschen. Doch hier kommt die gute Nachricht: Jeder kann die Anzahl seiner Denkfehler reduzieren und damit sein Geldverhalten verbessern.

Viele dieser Fehler beruhen auf schlechten Gewohnheiten und wir sagen Ihnen, wie Sie diese nachhaltig ändern können. Das ist nicht schwer, sondern erfordert nur ehrliche Selbstbeobachtung.

Häufig werden Geldfehler auch durch den falschen Umgang mit anderen Menschen verursacht. Das ist besonders in Beziehungen der Fall. Frauen sollten beim Umgang mit Geld ihr Talent zur Empathie nutzen und Männer sollten durch das Denken in Systemen nach Ursachen und Wirkungen forschen.

Bei der Lektüre dieses Buches haben Sie entweder neues Wissen gewonnen oder vorhandenes wurde bestätigt. Auf jeden Fall werden sich Ihre unbewussten Denkmuster durch neue Verschaltungen im Gehirn geändert haben. Sie sehen manche Probleme jetzt aus einem anderen Blickwinkel und die Regeln, die Sie am Ende des Buches finden, werden Ihnen helfen, Ihr neues Wissen anzuwenden. Sie werden sehen, es funktioniert.

Wie wir schlechte Gewohnheiten ändern können

Wahrscheinlich hätten wir am Monatsende eine ganze Menge Geld übrig, wenn wir unsere Geldgewohnheiten ändern würden. Doch wir alle wissen, dass ein Verhalten, an das wir uns gewöhnt haben und das ganz automatisch abläuft, nur schwer abzustellen ist. Auch wenn wir zum Jahresende viele gute Vorsätze fassen, werden diese meist schnell wieder vernachlässigt, aufgeschoben oder ganz aufgegeben. Warum fällt es uns so schwer, unsere Gewohnheiten aufzugeben oder zumindest durch neue, bessere zu ersetzen?

Jahrzehntelang haben sich Psychologen und Motivationstrainer die Zähne daran ausgebissen, die schlechten Gewohnheiten ihrer Patienten oder Klienten nachhaltig zu ändern. In den meisten Fällen kam man nur zu dem niederschmetternden Ergebnis, dass Gewohnheiten so fest in der Persönlichkeit eines Menschen verankert sind, dass sie nur durch sehr einschneidende Erfahrungen und Erlebnisse verändert werden können. Vernunft und Einsicht haben bei der Aufgabe von Gewohnheiten offensichtlich keine Bedeutung.

Rauchen als schlechte Gewohnheit

Eines der bekanntesten Beispiele für eine schlechte Gewohnheit ist das Rauchen. Jeder weiß, dass er damit seiner Gesundheit schadet und der Tabakkonsum ganz erheblich ins Geld gehen kann. Dass Zigaretten und Zigarren vom Staat immer höher besteuert wurden, haben Raucher zwar als ärgerlich angesehen, es veranlasste sie, von wenigen Ausnahmen abgesehen, jedoch nicht dazu, mit dem Rauchen aufzuhören. Lieber wurde an anderer Stelle gespart.

Die Idee, Zigarettenpackungen durch Warnhinweise oder Bilder einer vom Krebs zerfressenen Lunge unattraktiver zu machen, halten einige Hirnforscher sogar für kontraproduktiv. Ganz offensichtlich animieren diese Botschaften das Gehirn eines Rauchers sogar dazu, erst recht zur Zigarette zu greifen, weil man durch die Warnhinweise daraus schließen kann, dass jede Zigarette dem Körper den gewünschten Kick bringt.

Rauchen gilt gemeinhin als Sucht, die man nur durch geeignete Entziehungsmaßnahmen und viel Disziplin bekämpfen kann. Das mag auf einen bestimmten Teil der Raucher zutreffen. Es gibt aber auch Gewohnheitsraucher, bei denen sich der Griff zur Zigarette in nichts von anderen guten oder schlechten Gewohnheiten unterscheidet. Inzwischen haben die Neurowissenschaften das Geheimnis der Gewohnheiten gelüftet und Strategien entwickelt, um diese Gewohnheiten zu ändern.

Wie Gewohnheiten funktionieren

Wie funktionieren nun Gewohnheiten? Zunächst gibt es einen Reiz, der ein gewohnheitsmäßiges Verhalten auslöst. Dieser automatisierten Handlung folgt anschließend ihrer Bedeutung entsprechend eine Aktivierung des Belohnungssystems des Gehirns. Man spürt dann ein gutes Gefühl und ist zufrieden.

Nehmen wir ein sehr simples Beispiel: Wenn eine Frau vor einem Spiegel steht, wird sie ganz automatisch ihr Äußeres überprüfen. (Männer tun das übrigens auch.) Der auslösende Reiz für die nachfolgende Handlung ist also das eigene Spiegelbild. Frauen kontrollieren, ob die Frisur richtig sitzt und ob das Make-up in Ordnung ist. Wenn das Ergebnis dieser Prüfung nicht zufriedenstellend ist, kommt es zu gewohnheitsmäßigen Handlungen. Die Frau bürstet sich die Haare und zieht vielleicht die Konturen ihrer Lippen mit dem Lippenstift nach. Männer gehen mit einem Kamm durchs Haar und korrigieren den Sitz ihrer Krawatte. Ist das Ergebnis zufriedenstellend, fühlt man sich gleich viel wohler.

Diese wenigen Sekunden vor dem Spiegel lassen sich also sehr präzise in einen auslösenden Reiz, eine gewohnheitsmäßige Handlung und eine darauf folgende Belohnung zerlegen. Dieses Prinzip lässt sich auf alles, was wir gewohnheitsmäßig tun, übertragen. Der Auslösereiz zum Geldausgeben kann ein Kaffeeduft sein, aber auch das Titelbild einer Illustrierten oder die Entdeckung eines Schals oder einer Krawatte beim Gang durch ein Kaufhaus. Diesem Reiz kann man zwar widerstehen, dann gibt es aber auch keine Belohnung. Oder man kann dem Auslösereiz folgen und kaufen, das Belohnungszentrum aktivieren und zumindest eine kurzfristige Befriedigung empfinden.

Die meisten Menschen sind sich ihrer gewohnheitsmäßigen Verhaltensweisen überhaupt nicht bewusst. Und wenn sie tatsächlich erkennen, dass sie Gewohnheiten haben, die nicht gut für sie sind, wissen sie in der Regel nicht, durch welchen Reiz ihr gewohnheitsmäßiges Verhalten ausgelöst wird. Was sie oft ebenfalls nicht wissen, ist, wie die Belohnung strukturiert ist und was den Kern der Belohnung eigentlich darstellt. Deshalb ist es sinnvoll, dass Sie Ihre Gewohnheiten einmal genau hinterfragen, um unnötige oder unbewusste Ausgaben zu vermeiden.

Die verschiedenen Auslösereize für gewohnheitsmäßiges Verhalten

Eine Orientierungshilfe für die Auslöser gewohnheitsmäßiger Verhaltensweisen kann die Wissenschaft geben. Hirnforscher haben die Auslösereize in fünf Kategorien unterteilt: Die erste Kategorie ist der Ort, an dem man sich befindet, oder die Situation, in der man gerade ist. Die zweite Kategorie ist die jeweilige Uhrzeit. Als Nächstes folgen der eigene emotionale Zustand, der Bezug zu anderen Menschen sowie eine vorhergehende Handlung oder Wahrnehmung.

Der Ort oder die Situation kann, wie schon gesagt, ein Spiegel sein, vor dem man steht, aber auch ein Kaufhaus, durch das man geht, oder ein Kiosk auf dem Bahnsteig, an dem man auf einen Zug wartet. Jeder dieser Orte oder jede dieser Situationen kann gewohnheitsmäßige Verhaltensweisen auslösen. Vielleicht kauft man sich für die anschließende Zugfahrt noch schnell einen Kaffee oder eine Illustrierte.

Jeder Mensch hat eine sehr genau gehende biologische Uhr, die bestimmte Gewohnheiten auslöst. Manche wachen morgens zu einer bestimmten Zeit auf, kurz bevor der Wecker klingelt. Einige Arbeitnehmer bekommen um Punkt zwölf Uhr Hunger und müssen etwas essen, während der Arbeitskollege immer erst um ein Uhr Hunger bekommt. Wahrscheinlich kennen Sie auch Leute, die nachmittags um Punkt 16 Uhr ein Stück Kuchen brauchen, weil sie sonst unausstehlich werden, oder andere, die um nichts in der Welt die *Tagesschau* um 20 Uhr verpassen dürfen. Viele Menschen fühlen sich extrem unwohl, wenn sie ihren an die Uhrzeit gebundenen Gewohnheiten nicht nachgehen können.

Der eigene emotionale Zustand kann sowohl extrinsischer als auch intrinsischer Natur sein. Der Ort, an dem wir uns befinden, oder eine bestimmte Situation kann unser Wohlbefinden entweder steigern oder negative Gefühle hervorrufen. Oft genug wissen wir gar nicht, woher unsere Emotionen kommen. Wir fühlen uns nur irgendwie gestresst, frustriert, gelangweilt oder auch zufrieden oder glücklich.

Sowohl auf extrinsische wie auch auf intrinsische Emotionen reagieren wir mit ganz bestimmten Gewohnheiten. Fühlen wir uns gut, setzen wir einfach noch eine positive Entscheidung drauf, fühlen wir uns schlecht, versuchen wir dieses schlechte Gefühl zu beseitigen. Wenn wir zum Beispiel im Sommer in einem Biergarten sitzen und uns gut fühlen, bestellen wir vielleicht ein zweites Bier, um den angenehmen Moment noch etwas auszudehnen. Es kann aber auch sein, dass wir im Biergarten sitzen und genau wissen, dass wir anschließend noch ein unangenehmes Gespräch führen müssen. Dann bestellen wir das zweite Bier vielleicht nur, um die unangenehme Situation noch ein wenig hinauszuschieben.

Manche Raucher zünden sich die Zigarette an, wenn sie entspannen wollen, oder aber auch, um sich in einer stressigen Situation die notwendige Konzentration zu verschaffen. So kann beides gleichzeitig zu einer Gewohnheit werden, und beide Gewohnheiten kosten natürlich Geld.

Welche Wirkung haben nun andere Menschen auf unsere Gewohnheiten? Über Empathie, Nachahmung und die Beeinflussung durch andere haben wir in diesem Buch schon häufiger gesprochen. Genau diese Elemente können bei uns auch Gewohnheiten auslösen. Wenn mehrere Raucher zusammensitzen und einer sich eine Zigarette anzündet, dann werden es ihm wahrscheinlich andere nachmachen. Sitzen mehrere Leute im Biergarten zusammen und einer bestellt noch ein Bier, bestellen vermutlich einige andere auch noch eines. Gerade die Nachahmung anderer Menschen ist ein wesentlicher Schlüsselreiz für gewohnheitsmäßiges Verhalten.

Dass Gewohnheiten durch unmittelbar vorhergehende Handlungen oder Informationen ausgelöst werden, haben wir ebenfalls schon dargestellt. Die entsprechenden Stichworte sind das Ankersetzen und das Priming. Das Wesentliche an diesen vorhergehenden Impulsen ist, dass sie nicht unbedingt etwas mit dem nachfolgenden gewohnheitsmäßigen Verhalten zu tun haben müssen.

Wenn wir es gewohnt sind, im Supermarkt nach günstigen Angeboten Ausschau zu halten, dann wird uns ein Prozentzeichen vielleicht dazu animieren, ein bestimmtes Produkt zu kaufen. Hier gibt es also ein ganz klares Signal, das unsere Gewohnheit, nach Schnäppchen zu jagen, auslöst. Wenn es aber nur französische Musik ist, die uns dazu bringt, gewohnheitsmäßig nach einem Rotwein zu greifen oder Appetit auf ein Baguette und einen Camembert zu bekommen, dann sind dies Reize, die uns selbst gar nicht bewusst sind. Deshalb können wir auch die gewohnheitsmäßigen Handlungen normalerweise nicht mit den Reizen in einen direkten Zusammenhang bringen.

Wie sich schlechte Gewohnheiten ändern lassen

Um eine schlechte Gewohnheit ändern zu können, müssen wir sie zunächst einmal als solche erkennen. Da das Belohnungssystem keinen Unterschied zwischen guten und schlechten Gewohnheiten macht, kann uns das durchaus schwerfallen. Nehmen wir als Beispiel die Teilnahme am Mittwochs- und am Samstagslotto.

Viele Menschen halten das Lottospielen für eine schlechte Angewohnheit, besonders wenn sie noch nie einen nennenswerten Betrag gewonnen haben und deshalb ihr Spieleinsatz immer höher war als die erzielten Gewinne. Diese Leute sind größtenteils nicht spielsüchtig oder auf dem Wege zur Spielsucht. Lottospielen kann tatsächlich zur Gewohnheit werden.

Was ist nun aber die Belohnung, die das Gehirn empfindet, wenn man seinen Tippschein abgibt und seinen Einsatz bezahlt? Es gibt zwei grundsätzliche Erklärungen: Zum einen ist es die Vorfreude auf einen Gewinn, den man erwartet, auch wenn die Gewinnchance in Klasse 1 nur bei 1 zu 140 Millionen liegt. Die andere Möglichkeit, wie uns das Gehirn für die Abgabe des Tippscheins belohnt, besteht darin, dass wir einen möglichen Verlust vermeiden. Wenn jemand nämlich immer wieder dieselben Zahlen tippt, bekommt er irgendwann Angst, dass seine Kombination gerade dann gezogen wird, wenn er seinen Lottoschein nicht abgegeben hat. Verlustangst ist ein noch stärkeres Gefühl als Vorfreude.

Genau mit dieser Verlustangst kalkulieren übrigens die Lottogesellschaften. Mit ihren »Serviceangeboten« können die Spieler einerseits ein Abonnement abschließen, sodass sie nie eine Ziehung der Lottozahlen verpassen. Oder sie können sich eine »Komfort-Tipp-Karte« ausstellen lassen, auf der ihre Zahlen vermerkt sind. Dann müssen sie nicht jedes Mal, wenn sie spielen wollen, einen Tippschein mit Kreuzchen abgeben. Was als kundenfreundlicher Service daherkommt, ist also im Kern nichts anderes, als eine Gewohnheit zur Selbstverständlichkeit zu machen.

Früher versuchten die meisten Coaches, ihren Klienten die unerwünschten Verhaltensweisen abzutrainieren, indem zeitweise bestimmte Situationen vermieden werden mussten. Raucher sollten gesellige Partys meiden, Alkoholgefährdete Restaurants und Bars. Das funktionierte in der Regel langfristig aber nicht, weil das situative Verhalten mitzurauchen oder mitzutrinken als Gewohnheit nach wie vor fest im Gehirn eingespeichert war. Es ist viel einfacher, ein solches Muster zu modifizieren, als es zu löschen. Das heißt, wir müssen eine Gewohnheit, die wir als negativ empfinden, durch eine andere ersetzen, die wir als positiv wahrnehmen.

Geht es um Vorfreude oder um die Beseitigung der Verlustangst?

Um bei dem Lotto-Beispiel zu bleiben, müssen wir also zunächst klären, ob bei uns die Belohnung aus der Vorfreude oder aus der Beseitigung der Angst besteht. Wenn es um die Vorfreude auf einen Gewinn geht, sollten wir uns vor Augen führen, dass Lottogesellschaften nur einen bestimmten Teil der Einnahmen wieder ausspielen, während der andere Teil für gemeinnützige Zwecke eingesetzt wird. Lottogesellschaften verfolgen also durchaus auch ehrenwerte Zwecke. Doch das nützt dem Einzelnen wenig.

Stattdessen könnten wir die Vorfreude auf einen Gewinn zum Beispiel dadurch in andere Bahnen lenken, dass wir an Gewinnspielen teilnehmen, die kostenlos im Rahmen von Werbemaßnahmen veranstaltet werden. Immer wieder gibt es Gewinnspiele, die nicht mit dem Kauf bestimmter Produkte verbunden sind. So konnte man zum Beispiel über längere Zeit bei der Drogeriekette Rossmann eine Codenummer vom Kassenzettel im Internet eintippen und so an der wöchentlichen Verlosung eines Autos teilnehmen. Dabei spielte die Einkaufssumme keine Rolle, man musste also nicht mehr kaufen, als man wollte. So bestand die Chance, mit der Deckung seines täglichen Bedarfs an Putzmitteln, Taschentüchern oder Toilettenpapier in den Genuss eines Gewinns zu kommen. Allerdings ist auch hier Vorsicht geboten, da es bei Gewinnspielen oft darum geht, an Konsumentendaten zu gelangen oder gar den Teilnehmern ohne deren Wissen Abonnements unterzujubeln.

Aber wie geht man nun am besten mit der Verlustangst um? Man könnte es sich zum Beispiel zur Gewohnheit machen, den üblichen Betrag nicht für das Lottospiel auszugeben, sondern auf ein Sparkonto zu überweisen. Wenn man von einem Einsatz in Höhe von rund zehn Euro pro Woche ausgeht, würde das bedeuten, dass am Ende des Jahres dort deutlich über 500 Euro liegen würden, die sonst vielleicht verloren gegangen wären. Man erhält so einen sicheren kleinen Gewinn statt einen meist nur in der Fantasie bestehenden großen Gewinn.

Ihre Verlustangst können Sie auch dadurch dämpfen, dass Sie sich Ihre Gewinnchancen beim Lotto als Bild vorstellen:

An einer Straße stehen 140 Millionen Behälter in einem Abstand von einem Meter. In einem der Behälter liegt der Hauptgewinn. Sie dürfen nur einen Behälter öffnen, um zu sehen, ob Sie gewonnen haben. Was Sie im ersten Moment vielleicht nicht bedenken: Die Straße, die Sie abgehen müssen, ist 140.000 Kilometer lang. Da ist der Weg zur Bank, um dort das Geld auf das Sparkonto zu überweisen oder einen Dauerauftrag einzurichten, auf jeden Fall deutlich kürzer.

Den Auslöser für gewohnheitsmäßiges Verhalten finden

Wir haben uns jetzt mit der Gewohnheit und der damit zusammenhängenden Belohnung befasst. Nun ist es an der Zeit, sich darüber klar zu werden, was der Auslöser für dieses gewohnheitsmäßige Verhalten ist. Wird unsere Gewohnheit dadurch ausgelöst, dass im Supermarkt oder im Tabakladen eine Lotto-Annahmestelle ist, an der wir immer vorbeigehen? Dann könnten wir in Zukunft einen anderen Weg nehmen. Oder liegt es vielleicht an der Radiowerbung, die uns mit schöner Regelmäßigkeit auf einen Supergewinn hinweist? Vielleicht sollten wir in dem Moment einfach das Radio abschalten und daran denken, wie viel Geld wir sparen können.

Das Ungünstigste, was Sie machen können, ist allerdings, nicht zu spielen und sich dann am Samstagabend die Ziehung der Lottozahlen anzuschauen, um festzustellen, ob

Sie nicht vielleicht doch gewonnen hätten. Wir haben durchaus die Möglichkeit, nicht nur unbewusst, sondern auch ganz bewusst die Art und die Menge der eingehenden Informationen zu begrenzen. Schalten Sie den Fernseher doch einfach aus oder auf einen anderen Kanal um, wenn die Lottozahlen gezogen werden.

Bequemlichkeit und die Angst, Vorteile zu verpassen

Es gibt noch eine ganze Reihe von Gewohnheiten, die uns im Einzelfall zwar nur wenig Geld kosten, in der Summe und übers Jahr gesehen aber schon eine ganze Menge ausmachen. Die meisten Leute, die Bargeld brauchen, holen es sich aus einem Geldautomaten. Viele achten gar nicht darauf, ob dieser von der eigenen Bank oder Sparkasse betrieben wird oder von einem Institut, das im Verbund mit dieser arbeitet. Ist dies nicht der Fall, wird für jedes Geldabheben eine bestimmte Gebühr fällig. Natürlich kann man sagen, dass die paar Euro keine Rolle spielen. Aber gerade diese Einstellung ist eine schlechte Gewohnheit. Auch Kleingeld, das man verschwendet, ist verlorenes Geld.

Es gibt Supermärkte, die ihren Kunden den speziellen Service anbieten, gebührenfrei bis zu 200 Euro an der Kasse vom Girokonto abzuheben, wenn sie für mindestens 20 Euro einkaufen. Das hört sich zunächst einmal sehr kundenfreundlich an und ist es im Einzelfall vielleicht sogar auch. Wenn Sie jedoch eigentlich für weniger als 20 Euro einkaufen wollen und nur deshalb mehr kaufen, um an die kostenlose Barauszahlung zu kommen, geben Sie Geld aus, das Sie eigentlich nicht ausgeben wollten. Für die meisten Kunden ist es ein schwieriges Rechenexempel festzustellen, wie viel Euro die Waren in ihrem Einkaufswagen kosten. Um sicher zu sein, legen sie lieber noch etwas dazu, was sie zumindest im Moment eigentlich nicht brauchen. Die meisten Menschen sind dann erstaunt, auf welche Summe sie am Ende kommen, wenn sie eigentlich nur 20 Euro erreichen wollten.

Der gleiche Mechanismus funktioniert übrigens auch, wenn der Kunde die doppelte oder dreifache Payback-Punktezahl erhält, vorausgesetzt, er kauft für eine bestimmte Summe ein. Wir haben die Erfahrung gemacht, dass wir dann diese Summe in der Regel um 30 bis 50 Prozent überschreiten. Denn man ist sich einfach nicht darüber im Klaren, für wie viel Geld Ware im Einkaufswagen liegt. Je höher die Endsumme sein muss, desto größer ist in der Regel die prozentuale Überschreitung.

Beim Geldabheben besteht der Belohnungseffekt einfach nur aus Bequemlichkeit und vermeintlicher Zeitersparnis, beim Punktesammeln aus der Angst, einen Vorteil zu verpassen. Wenn Sie sich bewusst machen, dass Sie durch die Auswahl des richtigen Geldautomaten meist um die drei Euro sparen, kann die Aussicht auf diesen Gewinn das Verhalten vielleicht schon ändern. Und wenn Sie sich daran gewöhnen, zum Punktesammeln einen Taschenrechner mit in den Supermarkt zu nehmen und aufzuaddieren, wann Sie die notwendige Summe erreicht haben, um die Payback-Punktezahl zu vervielfachen, kann auch das vom Belohnungssystem als Gewinn verbucht werden. In beiden Fällen brauchen Sie sich nur darüber klar zu werden, dass der Auslöser hauptsächlich die eigene Trägheit ist und nicht äußere Einflüsse.

Kontrolle ist besser

Eine schlechte Gewohnheit im Zusammenhang mit Geldausgeben besteht auch darin, den Kassenzettel nicht zu kontrollieren, nachdem man bezahlt hat. Unsere Erfahrung zeigt, dass man pro Woche im Durchschnitt fünf Euro sparen kann, wenn man das Vertrauen in die Scannerkassen durch Kontrolle ersetzt. Wenn die Verkäuferin den Kunden fragt: »Möchten Sie den Kassenzettel haben?«, lautet die Antwort oft genug »Nein danke«. Denn gedanklich gehen wir davon aus, »dass die Kasse schon alles richtig gemacht haben wird «. Doch das ist oft ein Irrtum.

Immer wieder erleben wir, dass Sonderangebotspreise, die von Montag bis Samstag gelten sollen, selbst am Donnerstag noch nicht ihren Weg in das Computerprogramm der Kasse gefunden haben. Die Produkte werden einfach zum höheren Normalpreis gescannt, und die Kassiererin kann nicht einmal etwas dafür. Die Ursachen für die Gewohnheit, den Kassenzettel nicht zu prüfen, sind Vertrauensseligkeit und Bequemlichkeit. In vielen Fällen wird diese Gewohnheit, nicht zu kontrollieren, auch durch Zeitdruck beim Einkaufen ausgelöst. Nehmen Sie sich nur ein paar

Minuten mehr Zeit, kontrollieren Sie den Kassenzettel, fordern Sie das Geld, das Ihnen zu viel berechnet wurde, zurück und legen es in ein Extrafach Ihrer Geldbörse. Sie werden am Ende einer Woche oder zumindest am Ende eines Monats eine hübsche Überraschung erleben, die Sie dann als Belohnung verbuchen können.

Die fünf W-Fragen, um Kaufgewohnheiten zu ändern

Wie Sie inzwischen wissen, müssen Sie, um eine Kaufgewohnheit zu ändern, diese nicht nur erkennen, sondern ebenso den Auslöser und die damit verbundene Belohnung. Die folgenden fünf W-Fragen werden Ihnen dabei helfen, kostspielige Gewohnheiten zu identifizieren. Die Fragen lauten:

1. Warum will ich es?
2. Warum will ich es jetzt und nicht später?
3. Warum will ich es zu diesem Preis?
4. Warum will ich dies und nicht etwas anderes?
5. Was passiert, wenn ich es nicht bekomme?

1. Warum will ich es?

Diese Frage wird für den einen vielleicht eher philosophischer Natur sein, etwa nach dem Motto: Warum will ich überhaupt irgendetwas im Leben? Für den anderen wird sie so konkret sein, dass sie ihm fast lächerlich erscheint. Warum will ich mir Papiertaschentücher kaufen? Die Antwort erscheint klar: Weil ich keine mehr habe. In diesem Fall muss man die Frage vielleicht etwas mehr konkretisieren.

Warum will ich genau diese Papiertaschentücher kaufen und nicht irgendwelche anderen? Um eine Gewohnheit zu ändern, sollte man genauer darüber nachdenken. Will ich genau diese Taschentücher kaufen, weil ich immer diese Marke kaufe und keine andere? Das wäre eine vordergründig akzeptable Antwort. Aber habe ich mit anderen Marken, die vielleicht etwas billiger sind, in der Vergangenheit schlechte Erfahrungen gemacht? Oder habe ich die Produkte einer anderen Marke bisher noch gar nicht ausprobiert? Ist es der Preis, der mich lockt?

Ist dieser Preis vielleicht für eine kleinere Packungsgröße tatsächlich günstiger als der Preis für eine doppelt so große Packung? Sind zehn Taschentücher in einer Taschenpackung oder neun? Sind zehn Taschenpackungen in einem Paket oder zwölf? Sind es 20 oder 24? Es ist einfach sinnvoll, einmal genau nachzurechnen, um diese erste W-Frage richtig zu beantworten.

Natürlich sollte man sich diese W-Frage erst recht bei größeren Anschaffungen stellen. Dann ist es sogar nützlich, die Gründe für die Anschaffung schriftlich festzuhalten.

2. Warum will ich es jetzt und nicht später?

Die Antwort auf diese Frage lässt sich in vielen Fällen ziemlich leicht geben, besonders wenn es sich um kleinere Ausgaben handelt. Ich will es jetzt, weil mein Vorrat aufgebraucht ist oder weil ich Hunger oder Durst habe. Ich will es jetzt, weil ich heute Abend Gäste habe. Wenn allerdings das Ereignis, das mit dieser Frage im Zusammenhang steht, nicht zeitnah stattfindet, wie es bei vielen kleinen Käufen häufig der Fall ist, sollte man der Frage schon genauer auf den Grund gehen.

Uns ist gerade gestern der Geschirrspüler kaputtgegangen, nachdem er 13 Jahre problemlos gelaufen ist. Als wir ihn wieder ausräumen mussten, um das Geschirr von Hand zu spülen, waren wir wirklich erstaunt, wie viel Arbeit und Zeit uns eine Geschirrspülmaschine erspart, obwohl es sich nur um einen Zwei-Personen-Haushalt handelt. Also kamen wir zu der Entscheidung, möglichst schnell Ersatz zu beschaffen.

Vorher riefen wir allerdings noch den Kundendienst an. Schließlich handelte es sich nicht um eine billige Maschine. Dort erhielten wir die Auskunft, dass nach unserer Schilderung wahrscheinlich die Steuereinheit defekt sei. Die würde im Austausch einschließlich An- und Abfahrt des Handwerkers knapp 300 Euro kosten. Allerdings wüsste man nie, ob sich bei einer so alten Maschine nicht schon bald ein anderer Fehler einstellen würde. Eine vergleichbare neue Maschine würde nur 175 Euro mehr kosten. Sie würde dann auch leiser laufen, weniger Wasser verbrauchen und natürlich auch weniger Strom benötigen.

Es war also klar, sich für einen neuen Geschirrspüler zu entscheiden, und zwar jetzt. Von Hand zu spülen kam für uns nicht mehr infrage, und noch ein paar Wochen zu warten, in der Hoffnung, dass ein vergleichbares Gerät irgendwann und irgendwo als Sonderangebot auftaucht, auch nicht. Es war die Situation, die ganz klar unser Verhalten bestimmte, aber es handelte sich bei dieser Entscheidung auch nicht um eine Gewohnheit.

Bei Freunden von uns ist das ganz anders. Sie haben sich daran gewöhnt, nicht nur ihre Küche, sondern ihr ganzes Haus alle drei Jahre neu auszustatten, einfach weil sie das Gefühl haben, dass ihr Kühlschrank, ihr Herd, ihr Fernseher, ihre Couch und ihre Vorhänge irgendwie alt aussehen und sie etwas Neues brauchen. Umzugestalten und umzudekorieren kann also zur Gewohnheit werden. Die Frage »Warum jetzt?« wird in diesen Fällen ganz gefühlsmäßig beantwortet. Das, was sie haben, gefällt diesen Menschen eben einfach nicht mehr. Und da sie es sich finanziell leisten können, ist es für sie ganz legitim, Altes durch Neues zu ersetzen.

Problematisch wird es, wenn jemand dieselbe Gewohnheit entwickelt, aber darauf angewiesen ist, dass ihm sein Möbelhaus oder der Elektrohändler einen Kredit gibt, damit er seine Wünsche erfüllen kann. Hier wäre es vielleicht gut, die Frage »Warum will ich es jetzt?« noch durch den Zusatz zu ergänzen: »Und warum will ich es nicht später?«

Beim Kauf unserer Geschirrspülmaschine ist uns sofort klar gewesen, warum wir den Wunsch, sie zu ersetzen, nicht auf später verschieben wollten: weil wir nicht unser gesamtes Geschirr von Hand spülen möchten. Aber warum werfen manche Leute ihren Fernseher weg, obgleich er noch funktioniert, und ersetzen ihn jetzt und nicht später? Tun sie es, weil sie das Geld übrig haben, oder tun sie es, weil sie sich im Wettbewerb mit Freunden sehen, die sich gerade einen größeren und 3-D-fähigen Fernseher gekauft haben? Ist das Fernsehen tatsächlich so wichtig, dass man jetzt ein neues Gerät braucht, oder könnte es aus finanziellen Gründen durchaus sinnvoll sein, die Entscheidung auf später zu verschieben? Erfahrungsgemäß sinken die Preise für technische Neuheiten innerhalb von ein bis zwei Jahren oft um die Hälfte ab. Das Habenwollen und vielleicht sogar das Habenmüssen sind also oft genug nur Gewohnheiten, die man verändern sollte.

3. Warum will ich es zu diesem Preis?

Auf diese Frage werden manche Menschen sicherlich ganz erstaunt antworten: »Weil es nun einmal so viel kostet« oder »Weil es so günstig ist«. Hier haben wir es mit zwei sehr häufig genannten Gründen zu tun, denen jedoch sehr unterschiedliche Motive zugrunde liegen. Bei der Antwort »Weil es so viel kostet« ist es die Situation, die unsere Preisakzeptanz bestimmt, und bei der Antwort »Weil es so günstig ist« der Preis selbst.

Die Situation, in der wir uns befinden, bringt uns häufig dazu, Preise zu akzeptieren, die wir sonst nicht hinnehmen würden. Dass eine Dose Cola in der Eisbude am Strand teurer ist als im 300 Meter entfernten Supermarkt, erscheint uns selbstverständlich. Und da wir, wenn wir am Strand sind, Freizeit oder Urlaub haben, sind wir auch gern bereit, mehr zu zahlen. Ob allerdings der Preis selbst das richtige

Kaufmotiv ist, sollte man sehr genau überdenken. Wir kaufen ja eigentlich nicht, nur um Geld auszugeben, sondern um das Produkt anschließend auch zu verwenden. Immer dann etwas zu kaufen, wenn der Preis günstig ist, kann durchaus zur Gewohnheit werden, wie wir auch noch im Zusammenhang mit den verschiedenen Geldtypen sehen werden.

Wir sollten uns auch noch überlegen, ob wir ein bestimmtes Produkt zu einem bestimmten Preis wegen seiner Funktion kaufen oder nur, weil wir erwarten, damit unseren Status verbessern zu können. Eine batteriebetriebene Uhr zeigt wahrscheinlich zuverlässiger die genaue Zeit an als eine viele Tausend Euro teurere Uhr mit einem mechanischen Werk. Die eine ist aber eben nur ein Zeitmesser, während die andere mit ihrem komplizierten Uhrwerk ein Statussymbol darstellt, das häufig nur durch wenige Mitmenschen erkannt wird. Damit sind wir auch schon bei der nächsten W-Frage.

4. Warum will ich dies und nicht etwas anderes?

Am Beispiel der Uhr können wir ziemlich genau begründen, warum wir uns für die teurere entscheiden. Wir erwerben ein Statussymbol, denn wir wollen zukünftig nicht nur wissen, wie spät es ist, sondern die Uhr auch gelegentlich vom Arm abnehmen, um unsere Mitmenschen durch den Glasboden einen Blick auf das bis ins letzte Detail fein verarbeitete Werk werfen zu lassen. In vielen Kaufsituationen wird uns allerdings die Frage »Warum will ich gerade dies und nicht etwas anderes?« zum Nachdenken bringen. In einigen Fällen werden wir sehr schnell viele gute Gründe parat haben, in anderen Fällen werden wir feststellen, dass es sich eigentlich nur um eine gewohnheitsmäßige Handlung handelt. Aber diese Gewohnheiten wollen wir ja gerade abschalten. Da kommt schon die nächste Frage ins Spiel.

5. Was passiert, wenn ich es nicht bekomme?

Bricht für mich dann die Welt zusammen? Oder ist es mir bei genauerer Überlegung herzlich egal? Wenn ich Hunger habe, werde ich ungern auf etwas Essbares verzichten. Aber die Alternative zu einer fetttriefenden Bratwurst können durchaus auch ein Apfel und eine Banane sein, die gesünder und preiswerter sind. Ist es die Gewohnheit, die mich zur Würstchenbude treibt, oder die Notwendigkeit, weil es im weiten Umkreis sonst nichts Essbares zu kaufen gibt?

Manchmal ist es auch nur der Jagd- und Sammeltrieb, der uns dazu treibt, bestimmte Dinge zu kaufen. Gerade Menschen, die bestimmte Dinge sammeln, seien es nun Bücher, Schallplatten, Modellautos oder Parfumflakons, fühlen sich auch körperlich richtig schlecht, wenn sie ihrem Sammeltrieb nicht freien Lauf gelassen haben. Sammeln kann von der Gewohnheit zur Sucht werden.

Denken Sie nur an Menschen, die Animal Hoarding betreiben. Diese haben nicht einen Kanarienvogel oder zwei in ihrer Wohnung, sondern 100. Ihr Sammeltrieb ist total aus dem Ruder gelaufen. Wenn man das Gefühl hat, einer

Sammelleidenschaft aufzusitzen, oder sich in der Gefahr sieht, Kaufen als Sucht zu betreiben, ist die richtige Antwort auf die Frage »Was passiert, wenn ich es nicht bekomme?« besonders wichtig. Was passiert, wenn Sie es nicht bekommen, ist, dass Sie Ihr Geld behalten können. Und das ist doch auch schon ein sehr gutes Gefühl. Ersetzen Sie die Kaufsucht durch ein gesundes Geldbesitzdenken. Es muss ja nicht gerade zur Geldsucht wie bei Dagobert Duck führen. Aber die Freude, Geld auszugeben, sollte sich stets im Gleichgewicht dazu befinden, auch Geld zu besitzen.

Damit Geldprobleme nicht zum Beziehungskiller werden

Es ist erstaunlich, dass Menschen, die sich gegenseitig so sehr schätzen, dass sie eine Partnerschaft eingehen, gerade in Geldfragen häufig höchst unterschiedliche Auffassungen vertreten. Solange man als Single nur in einer lockeren Beziehung lebt, ist Geld nur selten ein Thema. Jeder möchte für den anderen ein toller Typ sein und ist bereit, dafür auch Geld auszugeben. Großzügigkeit zahlt sich immer aus, wenn man einen anderen Menschen für sich gewinnen möchte. Doch das kann sich spätestens dann ändern, wenn man einen gemeinsamen Haushalt gründet oder eine Ehe beziehungsweise Lebenspartnerschaft schließt.

Die Forsa Gesellschaft für Sozialforschung und statistische Analysen mbH hat im Auftrag der comdirect Bank die

Studie »Kunden-Motive 2009 – Tabuthema Geld: Einstellung, Verhalten und Wissen der Deutschen« durchgeführt. In diesem Zusammenhang wurde auch untersucht, welche Rollen Geld und Finanzen in der Partnerschaft spielen. Die Ergebnisse machten uns nachdenklich.

Gleiche soziale Stellung, aber unterschiedliche Einstellungen zu Geldfragen

In den meisten Partnerschaften ist die Ähnlichkeit in der Herkunft und der sozialen Stellung von großer Bedeutung. Wie wir ja bereits wissen, sind es meist die Frauen, die entscheiden, welchen Mann sie als Partner für geeignet halten, auch wenn die Männer glauben, dass sie die eigentlichen Entscheider wären. Und Frauen wählen sehr selten Männer aus einer niedrigeren sozialen Schicht. So entscheiden sich Akademikerinnen und Karrierefrauen kaum für einen Mann, der keinen Beruf gelernt hat oder arbeitslos ist, es sei denn, er ist ein reicher Erbe, ein einigermaßen bekannter Künstler, ein Sportler oder ein Prominenter aus Funk und Fernsehen.

Bei der Partnerwahl spielen also der eigene Status und der des potenziellen Partners eine große Rolle. Erstaunlicherweise hat jedoch die Einstellung zu Finanzfragen nur eine untergeordnete Bedeutung. Das Sprichwort »Gleich und Gleich gesellt sich gern« gilt, wie die comdirect-Studie zeigte, beim Thema Geld nur eingeschränkt. Wer sich selbst als ausgabefreudig einschätzt, das waren immerhin 30 Prozent der Befragten, der hat in 60 Prozent der Fälle einen Partner, der mit seinem Geld lieber sparsam umgeht. Die Einstellungen zum Geld in der Partnerschaft sind also recht unterschiedlich.

Wenn es um die Frage geht, ob man nur das kaufen sollte, was man bar bezahlen kann, sind sich immerhin 88 Prozent der Paare einig. Den Aussagen »Geld ist mir wichtig«, »Ich halte mein Geld lieber zusammen« und »Ich bin sparsam« stimmen noch bei 74 Prozent aller befragten Paare beide Partner zu. Doch dann wird eine immer größere Kluft sichtbar. Hinsichtlich der Aussage »In Sachen Finanzen fühle ich mich relativ sicher« haben nur noch 64 Prozent der Paare die gleiche Einstellung.

Bei der Frage, ob Geld einem eher unwichtig ist, sind nur noch gut die Hälfte der Paare einer Meinung, und bei den Aussagen »Anderen Menschen gegenüber bin ich spendabel« und »Ich kaufe manche Sachen auf Kredit« sogar weniger als die Hälfte. Ein Partner ist anderen Menschen gegenüber eher zugeknöpft beziehungsweise eher bereit, auf Kredit zu kaufen. Hier sind Konflikte vorprogrammiert.

Noch krasser ist der Unterschied bei der Ausgabefreudigkeit beziehungsweise bei der Frage, ob man sich in Finanzfragen überfordert fühlt. Hier liegt der Anteil der übereinstimmenden Paare bei nur 39 beziehungsweise 34 Prozent. Wenn der eine gern Geld ausgibt und der andere nicht, wird Streit kaum zu vermeiden sein. Problematisch ist es auch, wenn einer von beiden Partnern über Finanzfragen entscheidet und der andere nicht mehr durchschaut, worauf er sich einlässt.

In unserem Freundeskreis gab es ein Ehepaar, das sowohl künstlerische Talente als auch kreative Neigungen teilte. Allerdings war sie Lehrerin im Beamtenstatus, während er frei arbeitete. Sie hatte ein regelmäßiges und hohes Einkommen, von dem beide bequem leben konnten. Er verdiente manchmal sehr viel, wenn er eines seiner Kunstprojekte verkaufen konnte, und dann wieder gar nichts. Sie hatte keine Lust, sich um Geldfragen zu kümmern, und er sprühte nur so vor Ideen und Projekten, für deren Realisierung man allerdings viel Geld brauchte. Waren es nun Kameras oder Computer für aufwendige digitale Kunstprojekte, wenn er meinte, dass er sie brauchte, wurden sie gekauft.

Zu diesem Zweck war der Mann auch stets bereit, Kredite aufzunehmen, die die Bank ihm gern bewilligte, da seine Frau mit ihrem festen Beamtengehalt stets dafür bürgte. Worauf sie sich mit dieser Bürgschaft einließ, wurde ihr erst klar, als es kurz vor der Silberhochzeit zur Trennung kam. Denn er brauchte nun nicht mehr nur teure Geräte zur Selbstverwirklichung, sondern auch eine ganze Reihe jüngerer weiblicher Musen, die ihn inspirierten. Plötzlich saß die Frau auf einem riesigen Schuldenberg, der ihr vorher nicht bewusst gewesen war. Aus einem vorzeitigen Ruhestand wurde nun für sie nichts mehr, und nur durch eine sparsame Lebensführung konnte sie sich im Laufe der Jahre von diesen Schulden befreien.

Streit über Geld und Kontrolle des Partners

Die comdirect-Studie belegt auch, dass bei 28 Prozent aller Paare nur selten über Geld gestritten wird, dass aber 20 Prozent dies immerhin ab und zu tun und drei Prozent sogar häufig. Insgesamt sorgt also bei der Hälfte aller Paare Geld für Diskussionsstoff.

61 Prozent aller Deutschen in Partnerschaften verhalten sich so wie unsere Freunde aus dem oben genannten Beispiel. Sie kontrollieren die Ausgaben ihres Partners nicht. Aber jeder Sechste der Befragten kontrolliert zumindest heimlich, was der Partner mit dem Geld anstellt. Und jeder siebte Deutsche versucht seinen Partner oder seine Partnerin über die eigenen Geldangelegenheiten im Dunkeln zu lassen.

Über Geld sollte man reden

Wahrscheinlich gibt es kein Patentrezept für den Umgang mit Geld in der Partnerschaft, aber es gibt immerhin einige Regeln, die das Leben leichter machen und dafür sorgen können, dass das gemeinsame Geld auch bis zum Ende des Monats reicht. Über das Thema Geld das Mäntelchen des Schweigens zu hängen, ist sicherlich falsch. Man sollte über Geld reden und gemeinsam seine Finanzen planen. Welche Ausgaben müssen bewältigt werden? Wie viel wollen wir sparen und wie soll dieses Geld dann angelegt werden? Gibt es gemeinsame Ziele, die wir verfolgen? Wollen wir uns eine

Eigentumswohnung oder ein Haus kaufen oder wollen wir irgendwann in eine größere Mietwohnung in einer besseren Lage ziehen?

Vertrauen ist unerlässlich

Das Wichtigste im Umgang mit Geld ist Vertrauen. Wenn beide Partner ihr eigenes Geld und auch vergleichbar viel verdienen, sind getrennte Konten kein Problem. Schwieriger wird es aber, wenn einer sehr viel weniger als der andere oder gar nichts verdient, dann sind getrennte Konten eigentlich nicht sinnvoll. Denn derjenige, der weniger verdient, gerät in Abhängigkeit von seinem Partner und muss sich ständig Sätze anhören, in denen es um »mein Geld« und »dein Geld« geht. Damit wird das Zusammengehörigkeitsgefühl bald auf eine harte Probe gestellt. Dann wäre es besser, die Konten zusammenzulegen, sodass jeder den gleichen Zugriff auf das gemeinsame Geld hat, selbst wenn er davon keinen Gebrauch macht.

Es geht nicht ohne Kompromisse

Wie die comdirect-Studie gezeigt hat, sind die Umgangsweisen mit Geld in vielen Partnerschaften recht unterschiedlich. Es bleibt also nichts anderes übrig, als Kompromisse zu schließen. Der eine muss vielleicht auf eine Anschaffung verzichten, die der andere für Luxus hält, und der andere muss vielleicht gelegentlich nachgeben, auch wenn er die Ausgabe als Verschwendung ansieht. Gerade das Thema Kreditaufnahme führt oft zu Diskussionen, wenn Ebbe in der Kasse ist. Da ist es besser, die Erfüllung eines Wunsches zurückzustellen, als für beide eine schwierige Geldkonstellation zu schaffen. Man sollte zwar in einer Partnerschaft die Wünsche beider ausleben, aber eben nur im Rahmen der finanziellen Möglichkeiten.

Geld darf nicht zum Machtfaktor werden

Die beiden größten Fehler in einer Partnerschaft sind, wenn man dem Geld die Macht einräumt, die Beziehung zum anderen zu definieren, oder es als stellvertretendes Thema nutzt, um über die Beziehung zu streiten. In Partnerschaften sollte es nie um Macht gehen, sondern um die gemeinsame Gestaltung der Beziehung. Wenn sie unterschiedlicher Meinung sind, sollten die Partner versuchen, zum eigentlichen Thema vorzudringen, und nicht darauf herumreiten, wie der andere das gemeinsame Geld ausgibt. Ausnahmen von diesen Regeln gibt es natürlich immer, zum Beispiel wenn einer der Partner im Laufe der Beziehung eine Verschwendungs- oder Spielsucht entwickelt. Dann sollte man statt zu diskutieren besser einen geeigneten Therapeuten aufsuchen.

Generell ist es bei den meisten Partnerschaften so, dass am Anfang der Beziehung jeder den anderen zwar gut kennenlernt, aber nicht weiß, was dieser in seinem Elternhaus über den Umgang mit Geld erfahren hat. Diese Erfahrungen aus der Kindheit und Jugend wirken lange bis in das Erwachsenenalter hinein nach.

Wenn sich zu große Unterschiede tatsächlicher oder nur vermuteter Natur herausstellen, kann es nützlich sein, einfach die Rollen zu tauschen. Wenn der Mann der Meinung ist, dass die Frau falsch einkauft, muss er eben für eine gewisse Zeit den Einkauf selbst übernehmen, und man wird dann gemeinsam feststellen, ob er es tatsächlich besser kann oder nicht. Geht es um Geldanlagen, auf die man sich nicht einigen kann, wäre es ein möglicher Kompromiss, nur einen Teil des Geldes riskant anzulegen und den anderen Teil sicher. Das funktioniert natürlich nur, wenn genügend Geld vorhanden ist. Ansonsten sollte man lieber die riskanten Anlagen auf später verschieben. Es ist im Zweifelsfall wichtiger, einen vielleicht faulen Kompromiss zu schließen, als durch einen nicht beendeten Streit eine Entfremdung herbeizuführen, die irgendwann in einer Trennung mündet.

Was man im Umgang mit anderen Menschen beachten sollte, um nicht in die Falle zu tappen

Der bekannte Bonner Hirnforscher, Mediziner und Neuromarketing-Experte Professor Dr. Christian E. Elger hat einmal sieben Grundregeln formuliert, wie man soziale Interaktionen in all ihren Facetten zielgerichtet gestalten kann. »Soziale Interaktionen« hört sich ziemlich abstrakt an, meint aber im Grunde genommen nur den richtigen Umgang mit anderen Menschen. Wenn wir uns beraten lassen, Produkte und Dienstleistungen kaufen, mit Handwerkern verhandeln oder unser Geld anlegen, was eigentlich auch nur der Kauf eines Finanzprodukts ist, interagieren wir nach ganz bestimmten Regeln mit anderen Menschen.

Die Profis auf der Verkäuferseite lernen und trainieren solche Gespräche in Verkaufsseminaren, die nicht nur in großer Zahl angeboten, sondern auch gern gebucht werden, während wir als Kunden und Käufer oft genug ziemlich ahnungslos dastehen. Denn wir lernen diese Art von Gesprächen weder in der Schule noch im Studium oder in der Berufsausbildung, es sei denn, wir werden Verkäufer. Deshalb sind wir in den meisten Fällen darauf angewiesen, aus eigenen Erfahrungen klug zu werden oder uns die eine oder andere Vorgehensweise bei unseren Eltern oder Freunden abzuschauen.

Die sieben Grundregeln sozialer Interaktionen lauten:

1. Das Belohnungssystem ist die zentrale Schaltstelle.
2. Das Ultimatumspiel gilt überall.
3. Vorabinformationen beeinflussen die Erwartungen und das Verhalten.
4. Jedes Gehirn ist anders.
5. Es gibt keine Fakten ohne Emotionen.
6. Erfahrungen bestimmen das Verhalten.
7. Situationen können eine nicht vorhersagbare Eigendynamik entwickeln.

Regel 1

Das Belohnungssystem ist die zentrale Schaltstelle

Was das Belohnungssystem ist und wie es funktioniert, wurde schon zu Beginn dieses Buches dargestellt. Wir wissen also, dass ohne dessen Aktivierung nichts läuft. Das Belohnungssystem verstärkt, moduliert, modifiziert oder hemmt unsere unbewussten Gedankenprozesse und Verhaltensweisen, die wir, ob wir wollen oder nicht, im Nachhinein mit rationalen Argumenten begründen. Es kann von uns selbst aktiviert und stimuliert werden, in den meisten Fällen sind es aber eher äußere Reize und Sinneswahrnehmungen, die das Belohnungssystem auf Trab bringen.

Das beginnt mit den vielfältigen Formen der Werbung, geht über das Warenangebot in den Supermärkten und Shopping-Centern und endet beim Gespräch mit einer netten Verkäuferin oder einem netten Verkäufer. Fast alle Menschen legen viel Wert darauf, sich in der Umgebung oder Situation, in der sie sich befinden, wohlzufühlen. Ist das nicht der Fall, werden sie versuchen, wie unsere Vorfahren in der Savanne zu flüchten. Wenn keine Flucht möglich ist, werden sie sich verschließen wie eine Auster und Widerstand aufbauen. Dann kann ein Verkäufer noch so gute Argumente liefern, wir werden nichts kaufen.

Wenn wir uns allerdings wohlfühlen, sind wir praktisch offen für alles. Das wissen natürlich die Marketingexperten und setzen alles daran, dass wir uns wohlfühlen. Nehmen wir also an, wir sind beim Einkaufen und wir finden alles so richtig toll, sodass das Geld locker sitzt und wir es unbedingt ausgeben wollen. Dann sollten wir auf jeden Fall versuchen zu prüfen, was dieses Wohlbefinden in uns hervorgerufen hat und ob wir es nicht auch ohne Geldverschwendung genießen können.

Ob Sie es glauben oder nicht, je häufiger wir uns dem Wohlgefühl an sich hingeben, ohne die Möglichkeit zu haben, Geld auszugeben – zum Beispiel bei einem Spaziergang durch eine Shopping-Mall am Sonntag, wenn die Geschäfte geschlossen sind –, desto besser lernen wir, mit Stimmungen und Reizen umzugehen. Selbst wenn wir uns bei einem solchen Spaziergang am Sonntag vornehmen, am Montag zurückzukehren, um etwas ganz Bestimmtes zu kaufen, werden wir diese Entscheidung, nachdem wir eine Nacht darüber geschlafen haben, vielleicht schon wieder ganz anders sehen. Genau diesen Tipp gibt auch der Wirtschaftspsychologe Daniel Kahneman. Sich Reizen und Inspirationen auszusetzen und sie zu genießen, ist eine Sache, Geld auszugeben, eine andere.

Regel 2

Das Ultimmspiel gilt überall

Das Ultimatumspiel kennen wir bereits. Ein Verhandlungspartner macht den Vorschlag, wie man Geld oder auch andere Dinge zwischen sich und seinem Gegenüber aufteilt. Ist sein Angebot fair, nehmen wir es an, empfinden wir es als unfair, lehnen wir es ab und bestrafen ihn, weil er dann auch nichts bekommt.

Solche Situationen finden wir in der Praxis recht häufig, wenn zwei verschiedene Geschäfte identische Produkte anbieten, nur zu unterschiedlich hohen Preisen. Kennen wir den niedrigen Preis und fragen den teureren Anbieter, ob er mit seinem Preis ebenfalls bereit ist herunterzugehen, werden wir bei ihm kaufen, wenn er uns preislich entgegenkommt. Tut er das nicht, nach dem Motto »Der nächste Dumme kommt bestimmt«, dann lassen wir ihn eben auf diesen nächsten Kunden warten.

Der Wunsch nach Fairness und nach Win-win-Konstellationen ist existenziell, und jede Form von Kooperation wird von uns honoriert. Das Ultimatumspiel ist also die Basis jeder Verhandlung, und die Möglichkeit zu verhandeln gibt es häufiger, als die meisten Menschen annehmen. Viele Nicht-Profis haben auch einfach Angst, ein Verhandlungsgespräch zu eröffnen, weil sie fürchten, zurückgewiesen zu werden und das Objekt ihrer Begierde überhaupt nicht zu bekommen. Diese Angst ist jedoch unbegründet.

Ist die Verhandlung erfolgreich, freut sich unser Belohnungssystem. Ist die Verhandlung nicht erfolgreich, freut es sich zumindest darüber, dass wir es versucht haben. Und vielleicht entdecken wir sogar, dass wir das, was wir eigentlich kaufen wollten, doch gar nicht so dringend brauchen.

Vorabinformationen beeinflussen die Erwartungen und das Verhalten

Wir wissen ja bereits, dass das Gehirn ständig Vorhersagen trifft und nach ihrer Bestätigung sucht. Vorabinformationen beeinflussen die Vorhersagen im positiven, aber auch im negativen Sinne. Das wissen auch die Marketingexperten und versuchen uns über das Priming laufend mit Informationen zu versorgen, die unsere Vorhersagen positiv einfärben.

Wenn zum Beispiel der Fachmarktkette Media Markt der Ruf vorauseilt, sie sei günstiger als andere vergleichbare Märkte, dann ist das für das Unternehmen ganz hervorragend, und man wird alles daransetzen, dieses Image nicht nur aufrechtzuerhalten, sondern noch zu verstärken. Denn der Vorteil für Media Markt liegt dann darin, dass die Kunden die Preise im Markt selbst gar nicht mehr so genau prüfen und in bestimmten Fällen sogar mehr bezahlen als bei der Konkurrenz.

Die Kunden haben eben ein gutes Gefühl und ihr Belohnungssystem ist positiv aktiviert. Wir sollten uns also daran gewöhnen, mit schöner Regelmäßigkeit die Vorabinformationen, die wir im Gedächtnis gespeichert haben, mit der Realität abzugleichen. Nichts ändert sich in unserer Konsumgesellschaft so schnell wie Preise und Angebote.

Wir müssen uns einfach bewusst machen, dass Vorabinformationen sich in der Regel weniger auf konkrete Fakten und Tatsachen beziehen, sondern eher den Charakter von Meinungen, Bewertungen und Einschätzungen haben. Wir sollten uns auch vor Augen führen, dass wir solche Meinungen stärker gewichten, wenn sie von Menschen aus unserem sozialen Umfeld stammen, selbst wenn diese nicht einmal wissen, wie sie zu einer solchen Meinung gekommen sind.

Der Harvard-Professor Nicholas Christakis hat dies sehr schön in seinem Buch *Connected! Die Macht sozialer Netzwerke und warum Glück ansteckend ist* beschrieben. Jedes noch so kleine Detail kann plötzlich als Vorabinformation Bedeutung gewinnen, sei es das freundliche Gesicht auf der Verpackung oder der Hinweis auf dem Karton mit Frühstücksflocken, dass darin eine kleine Figur oder ein kleines Spielzeug enthalten ist. Diese Details müssen gar nichts mit dem, was wir kaufen, zu tun haben. Wir sollten uns also stets fragen: Woher weiß ich eigentlich, was ich glaube zu wissen? Nur so kann es uns gelingen, zwischen Fakten und unbegründeten Meinungen zu unterscheiden und unser Verhalten in die richtige Richtung zu lenken.

Jedes Gehirn ist anders

Komplexität und Plastizität machen jedes Gehirn einmalig, das heißt, selbst wenn zwei Menschen exakt dasselbe denken, tun sie es doch auf unterschiedliche Weise. Mit unserer Fähigkeit zur Empathie sollten wir also stets versuchen, uns in den Kopf des anderen zu versetzen und uns selbst mit seinen Augen zu sehen. Wenn uns das gelingt, können wir den anderen in unserem Sinne primen, also beeinflussen.

Ein ganz simples Beispiel ist, dass ein Verkäufer gern einen Verkaufserfolg haben möchte, weil dieser sein Belohnungssystem aktiviert. Wenn wir ihm sagen, wie er zu dem Verkaufserfolg kommen kann, ist das eigentlich ein recht simpler Weg, damit wir das bekommen, was wir wollen. »Wenn Sie jetzt eine Jeans finden, die mir wirklich gut passt, dann kaufe ich sie.« Während der Verkäufer vorher ziemlich lustlos auf die diversen Stapel verwiesen hat: »Schauen Sie doch mal da, ob Sie was Passendes finden«, sollte er bei unserer Aufforderung, selbst zu suchen, weil wir dann auch kaufen würden, aktiv werden. Tut er das nicht, gehen Sie lieber gleich in ein anderes Geschäft.

Jedes Gehirn versucht seine speziellen Ressourcen, Fähigkeiten und Erkenntnisse einzusetzen. Es neigt eben ganz einfach dazu, Probleme aus seinem speziellen Blickwinkel zu sehen und Lösungen zu suchen, die seinen speziellen Bedürfnissen entsprechen. Gehen Sie einfach davon aus, dass nicht alle Menschen so denken wie Sie und dass alle Menschen Impulse brauchen, die ihr Belohnungssystem aktivieren. Die richtigen Worte und Gesten sind dabei meist wichtiger als das Geld, das Sie am Ende bezahlen müssen.

Es gibt keine Fakten ohne Emotionen

Jede eingehende und weitergeleitete Information wird von unserem Gehirn bewertet und mit Emotionen versehen. Gefühle haben also eine zentrale Bedeutung für die Organisation und Motivation unseres Verhaltens. In der Regel betrachten wir diese emotionalen Label, die wir selbst auf Informationen kleben, wie bestehende Tatsachen, obgleich sie es gar nicht sind.

Emotionen helfen uns bei der Orientierung, aber andere Menschen können sie auch ganz gezielt nutzen, um uns in die falsche Richtung denken zu lassen. Deshalb wird jeder gute Verkäufer versuchen, die Schmerzen, die wir empfinden, wenn wir auf ein Preisschild schauen, wegzudiskutieren oder im Vergleich mit einer noch teureren Ware zu verkleinern.

Man sollte seine eigenen Gefühle sehr genau einkalkulieren und nicht gleich zu Beginn eines Verkaufsgesprächs über Preise diskutieren, sondern stillschweigend einen Blick auf das Preisschild werfen. Wenn man dann zusammenzuckt, sollte das für den Verkäufer nicht sichtbar sein. Denn das, was man haben will, und das, was man sich leisten kann, ist eine Entscheidung, bei der sich Fakten und Emotionen stark vermischen. Deshalb sollten wir sie möglichst allein in unserem Kopf treffen, ohne sie mit jemandem zu diskutieren, der eben ganz andere Interessen hat als wir selbst. Wir verrechnen im Kopf nun einmal das Habenwollen mit dem, was wir bezahlen müssen. Und wir sollten über genügend Selbstvertrauen verfügen, die richtige Entscheidung selbst zu treffen und zu verhindern, dass andere unsere Entscheidungen beeinflussen.

Regel 6 *Erfahrungen bestimmen das Verhalten*

Unbewusstes Wissen ist schneller verfügbar als bewusste Überlegungen, deshalb gehören Erfahrungen und routiniertes Verhalten eng zusammen. Betrachten Sie Shopping deshalb weniger als Möglichkeit, durch Geldausgeben Ihr

Belohnungssystem zu stimulieren, sondern um Erfahrungen zu sammeln.

Führen Sie ganz bewusst mit Verkäufern unverbindliche Gespräche. Sagen Sie ganz klar, dass Sie heute nicht kaufen, sondern sich nur informieren wollen. Das ist nicht nur eine Botschaft für den Verkäufer, die sein Vorhersageverhalten stimuliert (vielleicht kommt der Kunde ja noch einmal wieder), sondern die Sie auch selbst dahingehend primt, kein Geld ausgeben zu wollen.

Wenn Sie in einer bestimmten Verhandlungssituation nur wenig Erfahrung haben, werden Sie wesentlich emotionaler reagieren als jemand, der bereits ähnliche Situationen erlebt hat. Ein Architekt verhandelt mit einem Badausstatter routinierter als ein Häuslebauer, der sein erstes Eigenheim baut. Das wissen natürlich auch erfahrene Verkäufer. Manchmal kann es in solchen Situationen durchaus angebracht sein, eine Person aus dem Freundeskreis mitzubringen, die bereits entsprechende Erfahrungen hat und deshalb die Verhandlungen führt, während man selbst als Entscheider im Hintergrund bleibt.

Situationen können eine nicht vorhersagbare Eigendynamik entwickeln

Situatives Verhalten hat im Gehirn Vorrang vor geplantem Verhalten, weil es auf emotionalen Bewertungen und der Reaktion des Belohnungssystems beruht. Wenn wir bereit sind zu akzeptieren, dass Situationen beim Geldausgeben eine wichtige Rolle spielen, werden wir auch zugestehen, dass es wichtig ist, solche Situationen so gut wie möglich zu planen und ihre Entwicklung nicht dem Zufall zu überlassen. Natürlich versuchen Verkäufer, Verkaufssituationen zu ihrem Vorteil zu gestalten, sie befinden sich meist auf ihrem eigenen Terrain, das gibt ihnen Sicherheit und Souveränität.

Wenn allerdings ein Versicherungsvertreter oder Finanzberater zu Ihnen nach Hause kommt, könnten Sie sich in dem Glauben wiegen, dass Sie nun in der vorteilhafteren Situation sind. Und Sie sollen das auch glauben, denn diese Sicherheit macht Sie oft genug offen dafür, sich auf riskante Geschäfte einzulassen. Die Verkaufssituation bei Ihnen zu Hause wird durch routinierte Verkäufer in die Richtung gelenkt, in die er gehen möchte. Er weiß genau, welche Fragen er Ihnen stellen muss, um die gewünschten Antworten zu erhalten.

Die meisten Menschen unterschätzen nun einmal ihr situatives Verhalten. Deshalb versuchen auch so viele Geschäfte, die Verkaufssituation in ein eigenständiges Event zu verwandeln, dem sich der Kunde dann bereitwillig anpasst. Wenn man vor einem Geschäft anstehen muss, um überhaupt das Produkt kaufen zu dürfen, wird man es ganz sicher kaufen, wenn man im Laden ist. Wenn man sieht, dass andere anstehen, um etwas zu kaufen, wird man sich vielleicht sogar selbst in die Schlange einreihen, weil die anderen hinsichtlich der Wichtigkeit dieses Produkts nicht irren können.

Es gibt genügend Menschen, die tagelang vor einem Laden kampieren, nur um als Erster das neue iPhone kaufen zu dürfen, um die Erlaubnis zu bekommen, einen Laden zu betreten, um ein Paar neue Turnschuhe zu erwerben, selbst wenn diese nicht ihre Größe haben und sie sie niemals anziehen können, oder um den neuesten *Harry Potter* als Erster lesen zu dürfen. Jede dieser Verkaufsaktionen trägt als Event schon eine Botschaft von außergewöhnlicher Kraft in sich, die sich über die sozialen Netzwerke weiter verstärkt. Überlegen Sie sich also genau, in welche Situationen Sie sich bringen wollen und wie Sie dann damit umzugehen gedenken.

Sechs Regeln für die täglichen Geldentscheidungen

Niemand will uns etwas schenken!

Viele Händler, besonders Möbelhäuser und Autohändler, aber auch Supermärkte benutzen gern das Wort »Geschenk«. »Wir schenken Ihnen die Mehrwertsteuer!« Das ist natürlich Quatsch. Kein Unternehmen wird für eine Werbeaktion von der Mehrwertsteuer befreit. Aber das Steuernsparen ist ein fester Bezugspunkt in den Köpfen der meisten Konsumenten. Mit dem Versprechen, Steuern zu sparen, verkaufen Banken und Sparkassen Finanzprodukte und Möbelhäuser neue Kücheneinrichtungen.

Natürlich wird die Mehrwertsteuer noch auf die Nettoverkaufspreise aufgeschlagen, die geschenkte Mehrwertsteuer ist also nur ein Rabatt auf den Endverkaufspreis. Aber Rabatt klingt natürlich nicht so schön, als wenn man etwas geschenkt bekommt.

Wenn ich mir ein Auto kaufe, dafür einen Kredit aufnehme und anschließend 1000 Euro in bar erhalte, dann macht mich das viel glücklicher, als wenn der Verkaufspreis um 1000 Euro gesenkt worden wäre. Denn diese 1000 Euro in bar stimulieren das Belohnungssystem viel stärker. Natürlich muss ich mir auch bewusst sein, dass ich bei einer solchen Aktion keinen Verhandlungsspielraum mehr habe: »Tut uns leid, am Preis können wir nichts machen, aber immerhin bekommen Sie doch 1000 Euro in bar geschenkt.«

Außerdem sollten wir immer wissen, dass das, was man uns schenkt, schon vorher in den Preis einkalkuliert worden ist. Das gilt auch für Aktionen wie »3 Stück für den Preis von 2« oder »Beim Kauf von 2 Packungen Kaffee erhalten Sie eine Kaffeetasse geschenkt«. Auch was verschenkt wird, muss irgendjemand bezahlen, und das ist in der Regel der Kunde.

Niemanden interessiert unser Glück, sondern nur unser Geld

Hersteller und Händler tun gerne so, als wäre ihr gesamtes wirtschaftliches Handeln nur darauf angelegt, die Verbraucher glücklich und zufrieden zu machen.

Wenn ein Händler an fairen Geschäften interessiert wäre, würde er uns fragen: Wie viel Geld haben Sie und wie viel davon sind Sie bereit, für mein Produkt auszugeben? Vielleicht haben oder bieten wir zu wenig, aber wir wären in diesem Moment ein Verhandlungspartner, der mit dem Händler auf Augenhöhe spricht. Er könnte uns dann ja seine Preisvorstellung nennen und vielleicht sogar noch seine Kalkulation offenlegen. Aber das tut er natürlich nicht. Schließlich wird sein Belohnungssystem nur dann aktiviert, wenn er einen anständigen Gewinn erzielt.

Regel 3

Alle wollen mehr bekommen, als sie geben

Wer ein Geschäft betreibt, muss nicht nur seine laufenden Kosten decken, sondern auch Rücklagen für zukünftige Investitionen bilden, er muss sich selbst ein Gehalt zahlen und möchte auch noch einen zusätzlichen Gewinn machen, dessen Höhe nicht von den Aufwendungen und Leistungen bestimmt wird, sondern vom Markt.

Diese Marktmechanismen sind für die meisten Verbraucher nur sehr schwer zu durchschauen, da die Gewinne gemeinhin nur in den Bilanzen der Aktiengesellschaften ausgewiesen werden. Wie viel Gewinn ein niedergelassener Arzt oder Zahnarzt macht, ist genauso schwer zu durchschauen und wird genauso geheim gehalten wie die Gewinne anderer Unternehmen auch. Nur das Finanzamt weiß Bescheid. Natürlich existiert der Wunsch, mehr bekommen zu wollen, als man zu geben bereit ist, auch auf der Kundenseite. Nur bedeutet das für den Konsumenten, dass er sich Illusionen macht. Niemand wird ohne zwingenden Grund eine Ware unter dem eigenen Einkaufspreis abgeben, es sei denn, er muss etwa im Rahmen eines Konkurses seinen Warenbestand zu Geld machen.

Fordern Sie Fairness

Fairness bedeutet im Einkaufsalltag: Gleicher Preis für gleiche Ware. Man empfindet es zum Beispiel als unfair, wenn man am Bedienungstresen im Supermarkt das Käseendstück erhält oder das Frischfleisch mit besonders viel Fett und großen Knochen. Und auf dem Wochenmarkt möchte ich nicht die matschigen Tomaten haben, die hinten liegen, sondern die knackigen von vorn auf der Auslage. Wenn wir das Verhalten des Verkäufers als unfair empfinden, können wir ihn altruistisch bestrafen, indem wir die angebotene Ware zurückweisen und einfach nicht kaufen. Ob Sie sich fair behandelt fühlen oder nicht, ist ganz allein Ihr subjektives Gefühl, und es gibt keine äußeren Kriterien, die Ihnen vorschreiben können, ob Sie sich fair behandelt fühlen dürfen oder eben nicht. Mehr Fairness zu schaffen, ist ein ganz wesentliches Element des menschlichen Verhaltens, und es verbessert nicht nur unsere Wirtschaft, sondern auch unsere Gesellschaft.

Regel 5

Die Wirkung sozialer Einflüsse verändern

Hören Sie sich an, was andere Ihnen sagen, aber übernehmen Sie es nicht ungeprüft. Die Nachahmung anderer Menschen und das Übernehmen fremder Verhaltensweisen, die vielleicht nur deshalb für uns wichtig sind, weil sie es auch für andere sind, verhindern eine klare Orientierung an unseren eigenen finanziellen Möglichkeiten. Es ist nichts dagegen einzuwenden, strebsam zu sein und mehr verdienen zu wollen, und wenn man mehr leistet, auch mehr zu fordern. Aber häufig genug brauchen wir nur deshalb mehr Geld, weil wir zu viel an der falschen Stelle ausgeben, und nicht, weil wir die Produkte und Dienstleistungen tatsächlich benötigen.

Regel 6

Die Notwendigkeit von Statussymbolen überprüfen

Wie das Wort »Statussymbol« schon sagt, handelt es sich nur um ein stellvertretendes Zeichen für den Rang oder die Position, die wir einnehmen möchten. Ob wir sie tatsächlich ausfüllen und ob sie für uns wirklich erstrebenswert ist, wird durch Statussymbole nicht sichtbar. Schaffen Sie sich deshalb lieber einen werteorientierten Status, bei dem Sie von anderen Menschen für das, was Sie tun, geschätzt werden. Entscheiden Sie sich immer wieder zwischen Haben und Sein.

24 praktische Regeln, um Geldfehler zu vermeiden

1. Erst denken, dann kaufen

Überlegen Sie grundsätzlich vorher, was Sie kaufen wollen. Stellen Sie sich die Frage, was Sie brauchen und ob Sie das Produkt wirklich zu diesem Zeitpunkt brauchen.

2. Erst essen, dann kaufen

Gehen Sie niemals hungrig einkaufen. Denn Hunger ist ein Grundgefühl, das Sie nicht nur zum Kauf von Snacks und Süßigkeiten verleitet, sondern grundsätzlich dazu anregt, mehr zu kaufen, als Sie ursprünglich wollten, egal ob es sich um Lebensmittel oder andere Dinge handelt.

3. Auch für den Ausverkauf planen

Kleidung, Schuhe und Ähnliches erhalten Sie im Ausverkauf günstiger als sonst. Es ist aber ein Fehler, loszugehen nach dem Motto »Mal sehen, was es da günstig gibt«. Planen Sie vorher, was Sie kaufen wollen, und setzen Sie sich ein Limit für Ihre Ausgaben.

4. Allein einkaufen

Gehen Sie nicht mit Freundinnen oder Freunden zusammen einkaufen, denn das verleitet dazu, mehr zu kaufen als geplant und auch solche Dinge, die man nicht braucht.

5. Keine Kompromisse machen

Kaufen Sie keine Kleidung, die zu eng sitzt. Die Hoffnung abzunehmen, bis man in das Kleid hineinpasst, wird sich in der Regel nicht erfüllen. Kaufen Sie auch nichts, was Sie später »vielleicht« einmal brauchen könnten.

6. Nie kaufen, weil es andere tun

Kaufen Sie nie Dinge nur deshalb, weil Ihre Nachbarn, Arbeitskollegen oder Freunde sie haben. Bilden Sie sich Ihre eigene Meinung.

7. Nie kaufen, um andere zu übertreffen

Kaufen Sie nie Dinge, die schöner, besser, schneller oder größer sein müssen als die der Nachbarn, Arbeitskollegen oder Freunde. Orientieren Sie sich an Ihrem Bedarf.

8. Nicht uninformiert kaufen

Vor allem bei technischen Produkten, wie zum Beispiel Fernsehern oder Handys, sollten Sie sich vorher darüber klar werden, welche Anforderungen Sie an das Gerät haben, und darüber informieren, welches am besten für Ihre Ansprüche geeignet ist. Vergleichen Sie auch die Preise der verschiedenen Anbieter.

9. Nicht auf falsche Anker reinfallen

Fallen Sie nicht auf Vorher-nachher-Preise rein. Die vom Handel gern verwendete »unverbindliche Preisempfehlung des Herstellers« hat mit der Realität nichts zu tun.

10. Paketpreise prüfen

Werden Dienstleistungen oder Produkte als Paket angeboten, dann seien Sie vorsichtig. Das ganze Paket ist zwar in der Regel billiger als die Summe der einzelnen Posten, aber brauchen Sie all das wirklich?

11. Gesamtkosten betrachten

Lassen Sie sich beim Abschluss von Handyverträgen nicht durch günstige Einzelpositionen locken, sondern betrachten Sie die Kosten aller Positionen und vergessen Sie die Nebenkosten nicht. Erst dann können Sie die Angebote der verschiedenen Anbieter wirklich vergleichen.

12. Verträge genau lesen

Wenn Sie einen Versicherungsvertrag abschließen wollen, informieren Sie sich vorher genau und vergleichen Sie die Angebote. Wenn mit günstigen Prämien geworben wird, handelt es sich meist um Monatsprämien, deshalb sollten Sie auch die Kosten immer auf ein Jahr hochrechnen. Und beachten Sie: Für den Fall, dass Sie Versicherungsprämien nicht für ein ganzes Jahr im Voraus bezahlen wollen, verlangen die Versicherer zum Teil horrende Aufschläge. Sehen Sie auch im Vertrag nach, wie hoch die Provisionen sind, die Sie nur für den Abschluss zahlen müssen, ohne später etwas davon zu haben.

13. Einkaufszettel schreiben

Bevor Sie in einen Supermarkt gehen, schreiben Sie einen Einkaufszettel. So vergessen Sie nichts, was

Sie wirklich brauchen, und können unnötigen Zusatzkäufen vorbeugen.

14. Sich der Beeinflussung bewusst werden

Wenn Sie den Supermarkt betreten, führen Sie sich vor Augen, mit welchen Tricks dort gearbeitet wird, nur dann können Sie den Kaufanreizen widerstehen. Machen Sie sich bewusst, dass die Atmosphäre, die Beleuchtung, der im Laden verbreitete Duft und die Platzierung der einzelnen Artikel kein Zufall sind, sondern ganz präzise geplant und durchgeführt wurden.

15. Sich nicht ablenken lassen

Gehen Sie zügig durch den Supermarkt zu den Regalen und Truhen, aus denen Sie etwas mitnehmen wollen, und lassen Sie sich nicht von im Weg platzierten Aufstellern mit besonderen Angeboten ablenken.

16. Nicht jedes Sonderangebot ist ein Schnäppchen

Achten Sie auch bei Sonderangeboten auf den Preis. Was in einem Supermarkt als Sonderangebot angepriesen wird, ist häufig in einem anderen Supermarkt dauerhaft billiger.

17. Nicht unbedingt Großpackungen kaufen

Glauben Sie nicht, Groß- und XXL-Packungen seien billiger als kleinere. Vergleichen Sie die Grundpreise.

18. Es muss nicht immer Markenware sein

Oftmals sind Handelsmarken gleich gut, meist sind das auch Produkte von Markenherstellern.

19. Vorsicht vor Kostproben!

Keiner will Ihnen etwas schenken. Wenn man Ihnen ein Produkt zum Probieren anbietet, rechnet man damit, dass Sie sich anschließend verpflichtet fühlen, auch etwas davon zu kaufen.

20. Vorsicht bei Produkten mit der Bezeichnung »neu«!

Wenn Sie etwas kaufen, worauf »neu« steht, freut sich Ihr Belohnungssystem. Aber brauchen Sie das wirklich?

21. Vorsicht bei »knappen« Produkten!

Wenn Produkte als knapp deklariert werden, nach dem Motto »Nur solange der Vorrat reicht«, »Abgabe nur in haushaltsüblichen Mengen« oder »Nur noch drei Stück auf Lager«, dann handelt es sich oft nur um einen Trick, Sie zum Kauf zu bewegen.

22. Impulskäufe vermeiden

Wenn Sie sich bewusst sind, dass Sie in besonderen Situationen, zum Beispiel im Urlaub, auf dem Weihnachtsmarkt oder in gemütlichen Einkaufszentren, generell kaufbereiter sind, sind Sie auch in der Lage, dem entgegenzuwirken.

23. Nur mit Bargeld zahlen

Unserem Gehirn fällt es schwerer, sich von Bargeld zu trennen, als wenn wir mit Kreditkarte bezahlen. Also sollten Sie, wenn Sie einkaufen gehen und fürchten, zu viel auszugeben, nur Bargeld mitnehmen.

24. Was wäre, wenn ich jetzt nicht kaufe?

Stellen Sie sich vor allen Einkäufen, ob im Kaufhaus, Bekleidungsladen, Elektronikmarkt, Supermarkt und Spezialitätenladen oder auf dem Wochen- oder Weihnachtsmarkt, immer die Frage: Was würde passieren, wenn ich das jetzt nicht kaufe?

Literatur und Quellen

Ariely, Dan: *Denken hilft zwar, nützt aber nichts. Warum wir immer wieder unvernünftige Entscheidungen treffen.* München 2008.

Baron-Cohen, Simon: *Frauen denken anders. Männer auch.* München 2009.

Baum, Gerhart u. a.: *Abkassiert. Die skandalösen Methoden der Finanzbranche.* Reinbek 2009.

Bazerman, Max H.: *Smart Money Decisions. Why you do what you do with money (and how to change for the better).* New York 1999.

Brizendine, Louann: *Das weibliche Gehirn. Warum Frauen anders sind als Männer.* München 2008.

Brizendine, Louann: *Das männliche Gehirn. Warum Männer anders sind als Frauen.* München 2011.

Christakis, Nicholas A./Fowler, James H.: *Connected! Die Macht sozialer Netzwerke und warum Glück ansteckend ist.* Frankfurt 2010.

Cialdini, Robert: *Die Psychologie des Überzeugens. Ein Lehrbuch für alle, die ihren Mitmenschen und sich selbst auf die Schliche kommen wollen.* Bern 2002.

Dobelli, Rolf: *Die Kunst des klaren Denkens. 52 Denkfehler, die Sie besser anderen überlassen*. München 2011.

Domning, Marc/Elger, Christian E./Rasel, André: *Neurokommunikation im Eventmarketing. Wie die Wirkung von Events neurowissenschaftlich planbar wird*. Wiesbaden 2009.

Dooley, Roger: *Brainfluence. 100 Ways to Persuade and Convince Consumers With Neuromarketing*. Hoboken, New Jersey 2012.

Elger, Christian E./Schwarz, Friedhelm: *Neurofinance. Wie Vertrauen, Angst und Gier Entscheidungen treffen*. München 2009.

Fisher, Helen: *Das starke Geschlecht. Wie das weibliche Denken die Zukunft verändern wird*. München 2000.

Friebe, Holm/Albers, Philipp: *Was Sie schon immer über 6 wissen wollten. Wie Zahlen wirken*. München 2011.

Häusel, Hans-Georg (Hrsg.): *Brain Script. Warum Kunden kaufen*. Planegg/München 2004.

Ders.: *Brain View. Warum Kunden kaufen*. Planegg/München 2008.

Ders.: *Neuromarketing. Erkenntnisse der Hirnforschung für Markenführung, Werbung und Verkauf*. Planegg/München 2008.

Ders.: *Emotional Boosting. Die hohe Kunst der Kaufverführung*. Planegg/München 2009.

Kahneman, Daniel: *Schnelles Denken, langsames Denken*. München 2012.

LeDoux, Joseph: *Das Netz der Gefühle. Wie Emotionen entstehen*. München 2003.

Lehmann, Frank/Schwarz, Ruth E.: *Über Geld redet man nicht. Was Ihnen die Finanzprofis verschweigen*. Berlin 2012.

Levine, Robert: *Die große Verführung. Psychologie der Manipulation*. München 2004.

Miller, Alan S./Kanazawa, Satoshi: *Why Beautiful People Have More Daughters. From Dating, Shopping, and Praying to Going to War and Becoming a Billionaire – Two Evolutionary Psychologists Explain Why We Do What We Do*. New York 2008.

Miller, Geoffrey: *Spent. Sex, Evolution, and Consumer Behavior*. New York 2009.

Moir, Anne/Jessel, David: *Brainsex. Der wahre Unterschied zwischen Mann und Frau*. Düsseldorf 1994.

Müller, Kai-Markus: *NeuroPricing. Wie Kunden über Preise denken*. Freiburg 2012 .

Nuber, Ursula: *10 Gebote für anspruchsvolle Frauen*. Frankfurt 2006.

Pispers, Ralf/Dabrowski, Joanna: *Neuromarketing im Internet. Erfolgreiche und gehirngerechte Kundenansprache im E-Commerce*. Freiburg 2011.

Poundstone, William: *Priceless. The Myth of Fair Value (and How to Take Advantage of It)*. New York 2010.

Pradeep, A. K.: *The Buying Brain. Secrets for Selling to the Subconscious Mind*. Hoboken/New Jersey 2010.

Prießnitz, Horst (Hrsg.): *Markenführung im Billigzeitalter. Wertevernichtung – Spirale ohne Ende*. Landsberg am Lech 2006.

Roth, Gerhard: *Persönlichkeit, Entscheidung und Verhalten. Warum es so schwierig ist, sich und andere zu ändern.* Stuttgart 2007.

Scheier, Christian/Held, Dirk: *Was Marken erfolgreich macht. Neuropsychologie in der Markenführung.* Planegg/München 2008.

Scheier, Christian u. a.: *Codes. Die geheime Sprache der Produkte.* Freiburg 2011.

Schmölders, Günter: *Psychologie des Geldes.* München 1982.

Schneider, Willy/Hennig, Alexander: *Zur Kasse, Schnäppchen! Warum wir immer mehr kaufen, als wir wollen.* München 2010.

Schwarz, Friedhelm: *Verstehen Sie Ihren Verstand? Gehirnforschung für den Alltag.* Freiburg 2010.

Seßler, Helmut: *Limbic® Sales. Spitzenverkäufe durch Emotionen.* Freiburg 2011.

Sick, Helma/Fritz, Renate: *Schöne Aussichten. Keine Angst vorm Alter! Wie Frauen finanziell am besten vorsorgen.* München 2010.

Spitzer, Manfred: *Digitale Demenz. Wie wir uns und unsere Kinder um den Verstand bringen.* München 2012.

Tenzer, Eva: *Go Shopping! Warum wir es einfach nicht lassen können.* Berlin 2009.

Tepperwein, Kurt: *Das Geldgeheimnis. Über den meisterhaften Umgang mit Geld.* München 2001.

Underhill, Paco: *Warum kaufen wir? Die Psychologie des Konsums.* Frankfurt 2012.

Wündrich, Bettina: *Einsame Spitze? Warum berufstätige Frauen glücklicher sind.* Reinbek 2011.

Zaltman, Gerald: *How Costumers Think. Essential Insights into the Mind of the Market.* Boston, Massachusetts 2003.

Zweig, Jason: *Gier. Neuroökonomie: Wie wir ticken, wenn es ums Geld geht.* München 2007.